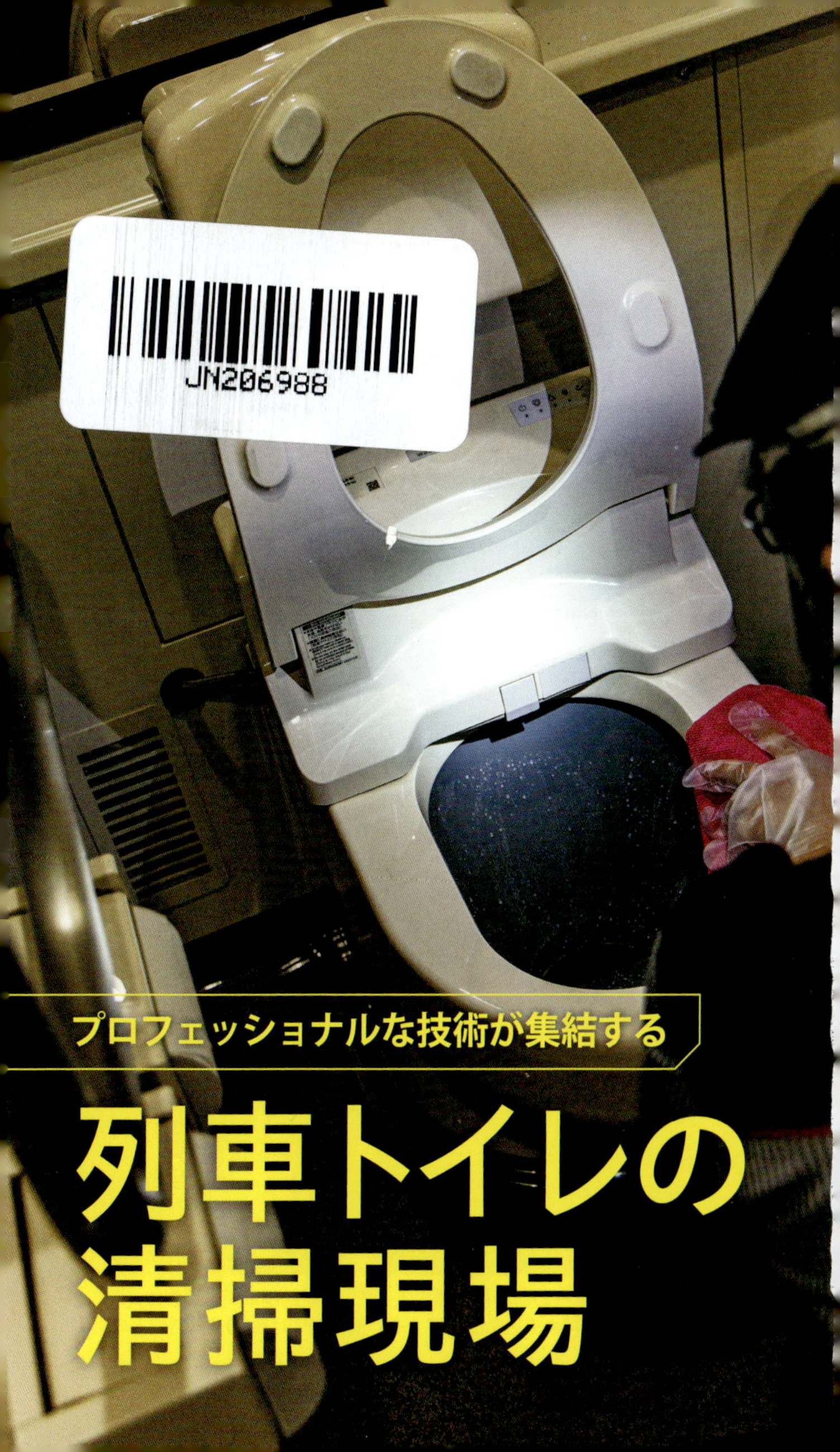
プロフェッショナルな技術が集結する
列車トイレの
清掃現場

車両基地の一角で行なわれる、JR東日本テクノハートTESSEIの新幹線のトイレ清掃。その神ワザの一端を見る！

列車トイレの清掃現場 ①

清掃編

東京新幹線車両センターの仕業検査線に入ってくる新幹線車両。乗客はいなくても、きちんと並んで気持ちを込めて出迎える。清掃時間は約30分。時間との戦いのはじまりだ。

どんなトイレも精一杯、磨き上げます

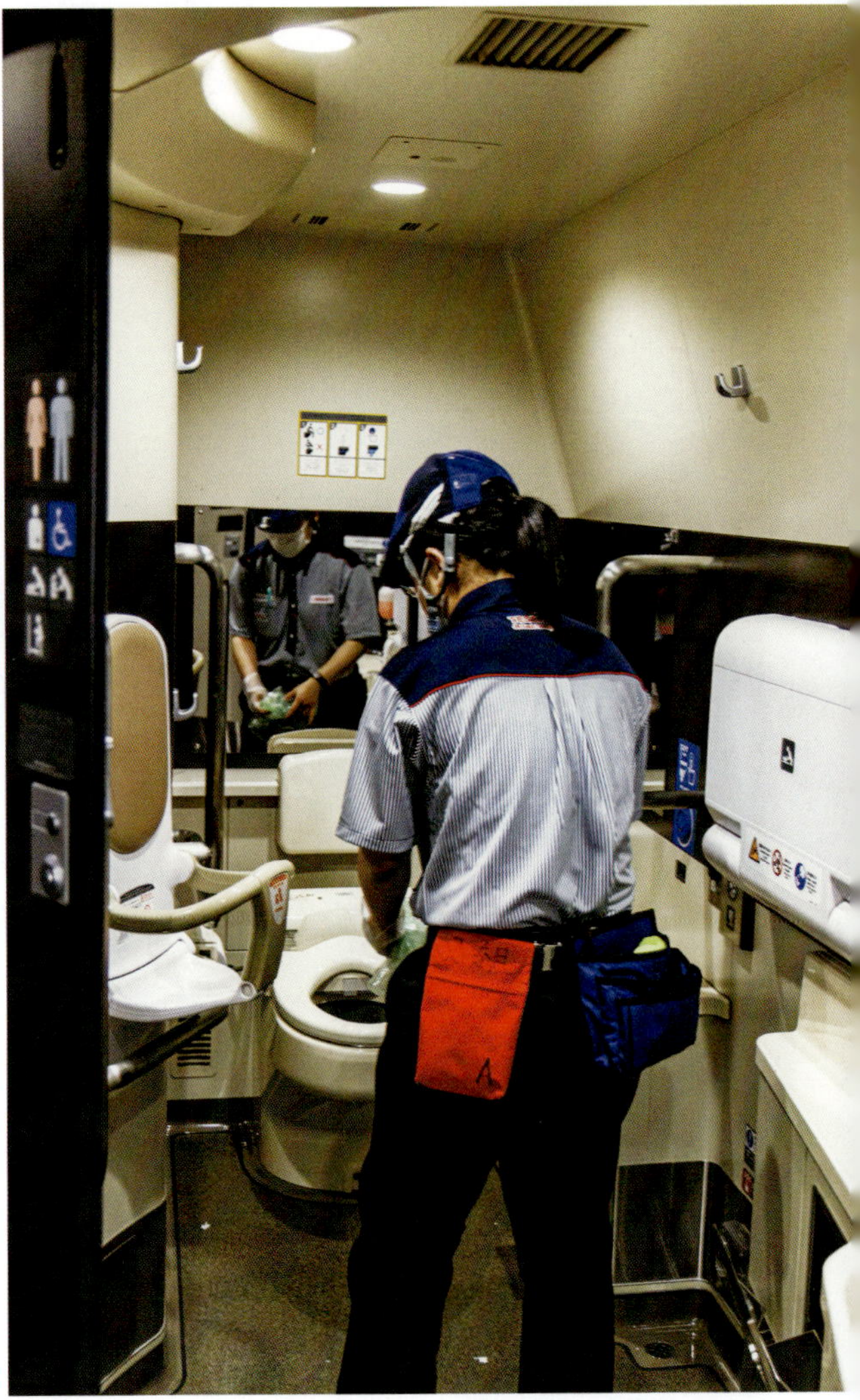

ベビーチェアにベビーベッド、オストメイト。最近のトイレは清掃する場所が増えている。限られた時間で、見えないところも手を抜かずに、かつ効率的に磨き上げるのが腕の見せどころだ。

列車トイレの清掃現場 ❷

備品編

清掃用具や消耗品まで、配慮の行き届いた準備がキレイなトイレを実現する。ここではTESSEIの備品に注目。

清掃用具は一式まとめて

車両基地のデッキには清掃用具がまとめて準備されている。トイレ内の磨き上げに使っているのは、マイクロファイバー製のふきん。使いやすいようにまとめて車両の到着を待つ。

列車トイレの清掃トレーニングも！

TESSEIの研修センターの一角には、新幹線トイレのモックアップ。ここで練習を繰り返し、効率と質の両立した作業に備えるのだ。

備品完備！

ゴミ袋やトイレットペーパーも予備が用意されている。車両によってゴミ袋のサイズが違うため、次の車両形式も把握する。

TESSEIの清掃について、詳しくはP.68へ

列車トイレの清掃現場 ❸
汚物抜き取り編

車両にトイレがあれば、汚物抜き取り作業は必須。ここではJR西日本宮原支所の作業を見てみよう。

新大阪駅のすぐ脇にある在来線の車両基地・網干総合車両所宮原支所。床下には、汚物を抜き取るための設備がある。トイレの位置は車両によって変わるから、設置数も多い。

どんなに暑い日も寒い日も、汚物タンクを空っぽに

在来線車両のトイレもいまは真空式が中心。汚物タンクのバルブにホースを繋いで抜き取ってゆく。

トイレの真下、床下のタンクの様子。汚物タンクと清水タンクのバルブがあり、中の様子が見られる小窓もある。

万にひとつも汚物が漏れたら一大事。バルブの栓はキツく閉められており、開栓には工具を使って。

快適なトイレにするには洗浄のための清水補給も大事な仕事。夏には40度を超える床下で、汗だくになりながら作業する。

いつも
きれいに使っていただき
ありがとうございます

トイレと鉄道

ウンコと戦ったもうひとつの150年史

鼠入昌史
Soiri Masashi

交通新聞社新書 183

はじめに

ピンチは、いつも突然やってくる。

会社帰りの満員電車。急におなかが痛くなってきた。お酒を飲んだせいなのか、それとも昼に食べた汁なし担々麺が原因か。仕事のストレスなのかもしれない。いや、この際腹痛の理由なんてどうでもいい。問題は、腹痛をどこでどのように対処するかだ。

家に着くまで耐え抜くか。それとも家の最寄り駅でトイレに行くか。駅から家までにあるコンビニを頼るという手もある。とりあえず、あと20分耐えれば最寄り駅。

……うぅ、心なしかさっきよりもヤバくなってきた気がする。家に着くまで耐えることは難しそうだ。そうなると、選択肢は限られてくる。どこかで途中下車して駅のトイレに駆け込むのだ。ああ、でもあの駅のトイレはあまりキレイじゃなかったような。いやいや、この緊急事態にあって、トイレがキレイとか汚いとかを気にしている場合じゃない。おなかの中が、ギュルリとうごめいている……。

などという経験は、きっと誰しもしたことがあるのではないかと思う。ここまで明瞭なピンチでなくとも、誰だって一度や二度、電車の中でピンチを迎えた経験を持っているはずだ。ほんのり尿意を感じていてもまあ大丈夫、とタカをくくって電車に乗って、思った以上に早く限界が見えてきた、くらいのピンチなら日常茶飯事かもしれない。そんなことありませんよ、という人は、よほど準備がいいのでしょう。うらやましい。

こんなとき、電車の中にトイレがあるかないかは、実に大きな意味を持ってくる。実際に、トイレのある車両まで移動して危機を脱するという行動ができるかどうかはまた別問題。電車の中のトイレ、という選択肢があるだけでもどれだけ心強いか。

もちろん、駅のトイレやコンビニのトイレの存在もありがたい。けれど、それと同じくらいに電車の中、鉄道のトイレというのはウンコ・オシッコのセーフティーネットワークとして大きな意味を持っているのである。

新幹線や特急列車に乗って旅をするときだって、同様だ。

新幹線のターミナルでは、乗車前に用を足そうというお客がいつも列を作っている。子どもの頃からの「いまのうちに行っておきなさい」が体に染みついてクセになっているからなのだろうか。

あらかじめトイレを済ませておけば、それだけ列車内では安心して過ごすことができる。

窓際に座った場合、通路側のおじさんが靴を脱いで足を前に投げ出して眠っていたら、行きたいときに自由にトイレに立つわけにもいかない。乗車前にトイレに行くのは、ある意味で合理的である。

ただ、新幹線の旅は30分～1時間では終わらない。車内で飲み食いをすることもザラにある。2時間・3時間乗り続けていたら、トイレに行きたくなることもある。健康な成人で、一日のオシッコの回数は5～7回ほどだという。だいたい3～5時間おきにはトイレに行く計算になる。

トイレを耐えられる時間は、余裕を見ても2時間ほど。映画を1本見終えるくらいなら問題ないが、新幹線に3時間乗るとなったら心許ない。もちろん、体質や体調によって平均以上にトイレに行くこともあるから、なおのこと新幹線のトイレは重要な役割を持っているのだ。

つまり、もはや列車の中のトイレは、なくてはならないインフラのひとつといっていい。鉄道が走り続ける限り、トイレも一緒に走り続ける。そうでなければ、鉄道そのものの機能は充分ではない。もっといえば、トイレがあってこそ鉄道だ、といってもいい。

そんな鉄道のトイレだが、その個室の中が快適な空間になったのは、実はそれほど古い話ではない。そもそも、1872（明治5）年に新橋～横浜間で鉄道が開業したとき、その列車の中にはトイレがついてすらいなかった。そんなところからはじまって、ようやくトイレがついてからも汚物はすべて線路の上にたれ流し。個室の中はおよそ清潔、快適とは言いがたい環境だったに違いない。

それが、いまではすっかり見違えた。

衛生的で、快適で、車いす利用者などであっても誰でも安心して使うことができる、列車のトイレ。もちろんたれ流しも姿を消した。もしかすると、公共の場にあるトイレの中で、いちばん最先端なのが、鉄道のトイレなのかもしれない。

そんな快適な鉄道のトイレは、いったいどのように作り上げられたのだろうか。鉄道のトイレで排泄した汚物はどこへ行くのだろうか。人間の営みにとって、最も原始的で、どんなお金持ちでも偉い人でも、等しく避けて通れない排泄行為。その場であるトイレが、鉄道とともにどのように進化してきたのかを、解き明かそう。

そこにあるのが当たり前だと思っているものでも、物語がある。本書は、鉄道とトイレをめぐる、150年の辛苦の物語である。

もくじ

第2章　列車の中のウンコのゆくえ……67

第3章　ウンコは快適なトイレで……109

※本書に掲載している写真は、特に注記したものを除き交通新聞社と著者の撮影・所蔵です。

第1章

ウンコはすべてたれ流し

そのときトイレは

トイレの不安を抱きながら、鉄道を使う人はどれだけいるだろうか。

毎日の通勤通学の満員電車に乗るとき。はたまた新幹線や特急に乗って遠方にでかけるとき。ああ、もしもウンコがしたくなったら、どうしよう。急に便意を催すと怖いから、長時間の旅はやめておこう。

こんなことを考える人は、どれだけいるだろうか。

もちろん、自分自身の体質や病気、そのときの体調だとか、気にしなければならない事情を抱えている人もいる。トイレが不安だから映画館を避けているという人も、何人か知っている。

けれど、こと鉄道に限れば、トイレの不安と隣り合わせの旅になることはほとんどないと言っていい。ありがたいことに、ほぼすべての列車にトイレがついているからだ。

新幹線や特急ならば、催してから席を立っても充分間に合う場所にトイレがある。長い編成にひとつしかトイレがないような普通列車でも、こまめに駅に停まるから、駅のトイレに駆け込むという手もある。どうしようもないケースがないとは言わないけれど、まあだいたいの場合において、鉄道の旅の途中でウンコに行きたくなっても〝なんとかなる〟

のだ。

しかし、150年前はそうではなかった。

1872（明治5）年、新橋～横浜間で日本ではじめての鉄道が開業した。そのときの車両はどのようなものだったのか。

鉄道開業のときにお客が乗った客車はイギリス・メトロポリタン社製の木造車両だった。上等・中等・下等の三等級に分かれていて、それぞれ定員は18・22・30～36人。蒸気機関車に牽引される列車は、上等が1両、中等が2両、下等が5両連結されていた。

そして、どの車両にもトイレは設置されていなかった。

いったい、当時の人は何を考えていたのだろうか。トイレがないなんて、およそ公共の乗り物とは思えない。トイレが近い人なら、憤慨せずにはいられないところだ……。

と、言いたいところだが、当時の列車が走っていたのは新橋から横浜まで。その所要時間は一時間にも満たなかった。その程度ならば、トイレがなくてもなんとかなりそうだ。

それに駅にはちゃんとトイレがあったようだから、列車に乗る前に駅でオシッコ、ウンコ。半日も一日も列車の中に閉じ込めておくわけではないから、トイレはなくても大丈夫、という判断があったのかもしれない。

当時の日本人は、駅や鉄道の列車の中のような〝公共のスペース〟を、はじめて体験したことになる。公共の場所でのトイレというものを見たのも、はじめてだったに違いない。

ちなみに、日本ではじめての「公衆トイレ」は、鉄道開業の前年、1871（明治4）年に横浜でお目見えしている。日本人がところ構わず用を足すことに耐えかねた外国人から抗議が殺到。横浜のお巡りさんも、立ち小便をする日本人を取り締まって歩き回っていたほどだったという。そして町の辻に公衆便所を設置することになり、1872年4月までに83カ所まで増やしていった。

ただ、その公衆便所はもちろん水洗などではなく、それどころか四斗樽《しとだる》を地面に埋めて周囲を板で囲っただけのシンプルな、というか粗末なものだった。

さすがにそれではトイレとしての体を成していない。そこで改良が施された。六角形の建屋で入口は3カ所に。中に入ると中央の換気塔を囲むように3つの大便器と2つの小便器が交互に並ぶ。この近代的な公衆便所が横浜市内63カ所に設けられ、衛生的な近代都市へと形を整えていった、というわけだ。

このトイレの設置と糞尿の処理を引き受けたのが、のちに〝セメント王〟として名を馳せることになる浅野総一郎。くみ取った糞尿を船で千葉に運び、肥料として売りさばいて富を築いたという。

ともあれ、明治初期の日本人は、立ちションも野グソも厭《いと》わなかったということなのだろう。そういうところから、鉄道とトイレの付き合いははじまったのである。

鉄道があろうがなかろうが、人はウンコやオシッコをしなければ生きていけない。だから、トイレをどうするかというのは鉄道どころか人類はじまって以来の大命題だった。

もちろん、大昔はそこらへんで適当に済ますのが一般的だった。2024年のNHK大河ドラマでは雅な平安貴族の暮らしが描かれたが、そんな平安京も実際のところは町中に糞便のニオイが立ちこめていたという。

きちんと囲われたトイレで用を足せたのは身分の高いごく一部。万人以上とも推定される平安京で暮らす庶民の多くは、道端の側溝を跨いでウンコをしていた。そこに道ゆく牛馬の糞便も加わるのだから、それはそれは雅とは正反対のニオイが漂っていたに違いない。そうした時代にあって、長い距離を旅するときもちゃんとしたトイレがあるかないかはさしたる問題ではなかったはずだ。

また、江戸時代には宿場ごとに簡易的なトイレが設けられていて、旅人はそれを利用するのが一般的だったという。もし、次の宿場までガマンできないのなら、迷うことなく立ちション・野グソ。ただし、さすがに参勤交代で江戸と国元を行き来するお殿様はそういうわけにはいかず、家来が藩主専用の便器（おまる）を持ち運んでいた。下々の者にはお殿様のウンコを見せられないので、旅の途中で処理はせず、江戸か国元まで持ち運んだのだとか。

実は江戸時代、少なくとも江戸の町には上下水道が整備されている。世界的に見ても極めて優れた、衛生的な都市だった。ただし、排泄物を下水に流すことはなかった。長屋にひとつ置かれていたようなくみ取り式トイレに排泄し、たまったウンコは近隣の農家に引き取られて下肥として利用されていたからだ。

たとえば、彦根藩領だった世田谷の農家は、彦根藩江戸屋敷の下働きを請け負う代わりに排泄物を譲り受けていたという。ウンコやオシッコが、〝お宝〟だった時代の話である。

列車で危機を迎えた最初の日本人

日本人ではじめて、鉄道の中でピンチを迎えたのは誰だったのだろうか。

はじめて鉄道に乗った日本人は、ジョン万次郎だとされる。土佐の漁師だった万次郎は1841（天保12）年に沖合で漂流、アメリカの捕鯨船に助けられてそのままアメリカに渡り、1845（弘化2）年に鉄道に乗っている。

ただし万次郎の残した記録では、鉄道のことは記されていても、トイレについての記述はない。万次郎さんも人間だからピンチの一度や二度はあっただろうが、どう切り抜けたのかは闇の中である。

その後、幕末から明治初期にかけて、多くの日本人が海外に派遣されて鉄道で移動する機会を得ている。その中で、トイレにまつわる記録を残しているのが幕臣の池田長発《ながおき》を正使とした遣欧使節団だ。1863（文久3）年にフランスの軍艦で日本を発ち、上海やインドを経てスエズからは陸路（つまり鉄道）でカイロに向かった。

この使節団に理髪師として加わった青木梅蔵が、日記を残した。日記の原本そのものは失われてしまったそうだが、引用した大正時代の書物『夷狄《いてき》の国へ　幕末遣外使節物語』から一節を引用しよう。


「此蒸気車に乗るは餘程巧拙あるよし、おのれは拙なるにや随分難儀を致したり。時僅に四時にして四十七八里のところを行たれば推して知るべし、兩度休みたるも諸人の大小便をなすためなり、己等此ゆへを知らざれば兩便にはほとほと困り入たり。夫に付可笑しき事あり、右車中にて大便を山盛に致せし人あり畢竟右の故を知らざればなり」

つまり、当時のスエズとカイロを結ぶ鉄道にもトイレは設けられておらず、たまらず車内でウンコをしてしまった人がいたという。鉄道初体験の日本人ならずとも、トイレのない鉄道に難儀をした人は少なくなかったようだ。他にも、真偽は定かではないものの、明治初期に欧米を視察した岩倉具視が列車の中で窮してしまい、シルクハットの中にウンコをした、などという話も伝わっている。

まるで文明開化に直面して右往左往する様そのもので、いまから見れば滑稽に映る。それでいて、いささか悲劇的ですらある。欧米式の乗り物もはじめてで戸惑うことばかり。でもウンコやオシッコを催すのは人間の常。それで途方に暮れた当時の日本人の気持ちを思うと、涙を禁じ得ない。

それからほんの数年後、日本にも鉄道が開業する。そのわずかな期間で日本人がトイレ上手になれるはずもなかった。トイレがない時代の鉄道では、いくつかの珍事件が起きている。

たとえば、鉄道開業翌年の１８７３（明治６）年４月。新吉原江戸町に住む荒物商・増澤政吉が、走行中の列車の窓から車外に向けてオシッコをしたことを罪に問われ、罰金10円を命じられた。

増澤さん、商用で新橋駅から横浜駅まで列車に乗った。新橋駅で乗車前からいくらか催しており、トイレに行っておこうと思ったところ、発車時間が来てしまって諦めた。それが運の尽き。横浜駅に着く前にガマンの限界がやってきて、窓から放尿してしまったのだ。

当時は下級巡査の月給が6円、1875（明治8）年に発売された木村屋のあんぱんが5厘だったご時世だ。10厘で1銭、100銭で1円だから、増澤さんが払った罰金はあんぱん2000個分ということになる。ガマンの限界が、とんだ悲劇につながってしまった。

また、列車の中でオシッコがしたくなり、かといってどうすることもできずに遂に漏らしてしまった鈴木文吉さんは、罰金3円の刑。おもらしの醜態をさらした上に罰金を取られ、当時の新聞にもちゃんと名前付きで報じられた鈴木さん。人生最大の屈辱だったに違いない。それどころか150年経ってもこうして名前を出されてしまう。

ここで改めて、増澤さんや鈴木さんにはそれほどの罪はないということを断言しておきたい。だって、酔っ払って駅のホームや電車の中でゲロを吐くなんてことを、普通にしている現代人だっているじゃないですか。彼らは白い目で見られることはあっても、罪には問われない。それに引き換え、増澤さんや鈴木さん、嘔吐よりも悪いことをしたとはとうてい思えない。たまたま鉄道黎明の時代に生を受けた、単に運が悪かったのである。

ある高級官僚の死

列車の中にトイレがないことで、このようにいくつかの珍事件が歴史に刻まれた。が、オシッコを漏らして罰金くらいならまだいいほうだ。ついに、本当の悲劇が起きてしまう。

新橋〜横浜間ではじまった鉄道は、少しずつ距離を伸ばしていた。1889（明治22）年4月16日には、琵琶湖の連絡船を間に挟みはするものの、新橋と京都、大阪、神戸までが鉄道で繋がっている。

悲劇が起きたのはその直後、1889年4月27日であった。

宮内庁御料局長を務めていた肥田浜五郎が、生野銀山視察のために朝一番の列車で新橋駅を発った。列車は順調に走り、13時30分頃には静岡県の藤枝駅に到着。15分ほどの停車時間を使って、肥田はトイレを済まそうとした。痔を患っていたこともあって、肥田はどの駅で大便、どの駅で小便を済ますかを、事細かに計画するほど慎重な性格だったという。

ところが、藤枝駅では勝手が違った。再び乗り込もうとホームに戻ったときには、すでに列車が走りはじめていたのだ。慌てた肥田は乗車口の手すりに掴まって飛び乗ろうとしたが、振り落とされてホームの隙間から転落。そのまま轢死《れきし》してしまったのである。

ホンモノの目撃談が残っているわけではないので定かなところは不明だが、ホームから転落した肥田は、端に寄って列車の通過をやり過ごそうとしていた。ところが、慌てた駅員が肥田を引き上げようとして体を掴まれた。それが仇になって、列車と接触してしまったのだという。

幕臣時代には咸臨丸《かんりんまる》の機関長を務め、14代将軍・徳川家茂の上洛にあたっては翔鶴丸《しょうかくまる》の艦長の任にも就いた。明治政府でも海軍少将にまで昇進し、横須賀造船所の所長などを歴任。肥田は「日本造船の父」とも呼ばれるほどの、明治政府の主要人物のひとりだった。そんな要人が、列車の中にトイレがないから死んでしまった。このことが当時の明治政府や鉄道関係者に与えた衝撃は、小さくなかっただろう。

実際には、この事故の前から列車内へのトイレ設置計画は進んでいた。それでも、肥田浜五郎の死がトイレ設置の流れに拍車をかけたことはまちがいない。

肥田が事故死してから半月ほど経った1889年5月11日には、東京日日新聞にトイレ設置を速めることを求める意見が掲載されている。この記事によれば、当時すでに6両のトイレ付き列車が登場していたが、それではまったく不足しているとし、長時間の鉄道の旅において大きな制約になっていると指摘する。そして、列車にトイレを取り付けることによって、肥田浜五郎のような悲劇を防ぐことができるだけでなく、駅での長時間停車を解消でき、所要時間の短縮にもつながると主張している。

肥田浜五郎の悲劇が、直接的に鉄道へのトイレ設置に結びついたとまでは言えない。けれど、少なくとも設置スピードを速めることにはつながったと言っていいだろう。いずれにしても、新聞にこうした意見が掲載されるほど、当時の「トイレのない鉄道」は社会的に大きな問題のひとつだったのである。

トイレの設置は「御料車」から

日本ではじめての、トイレを備えた列車はいつどこで生まれたのだろうか。

それは御料車、つまり天皇陛下のための車両だった。

１８７６（明治９）年、汽車監察方のお雇い外国人、ウォルター・スミスの指導のもとで神戸工場で製造された１号御料車が、日本初の〝トイレ付き〟車両だ。

１８７７（明治10）年２月に予定される京都〜神戸間の鉄道開業式に、明治天皇が隣席

1876年製造の御料車には漆塗りの便器が設けられていた
写真提供＝鉄道博物館

することが決まっていた。この車両は、それに向けた「御召《おめし》列車」として製造されたものだ。１８７２年の新橋〜横浜間の鉄道開業ではイギリスから輸入された上等車のうち１両を御召列車として使用している。つまり、神戸で製造された１号御料車が、はじめての〝国産御料車〟だ。製造当初は「形式ＡＪ」と呼ばれ、１９１１（明治44）年から「１号御料車」に改称された。

１号御料車の車内は３室に区分されており、中央が御座所だ。天井は楓葉菊花の散らし模様の絹張りで、前後の次室に通じる開き戸は橘《たちばな》・桜とウグイスがそれぞれあしらわれた水彩画と刺繍の絹張地。御座所の真ん中に玉座として立派なソファが置かれ、窓辺にテーブルも備えられた。当時の美術工芸の最高水準を体現した、絢爛《けんらん》豪華な御料車であった。

そして、後部の次室の端には、御手洗所と御厠《おかわ》が設けられた。トイレと洗面所である。トイレの便器は和式の漆塗り。こちらも最高水準の便器だ。

1号御料車は、1877年の京都～神戸間の開業式にはじまり、その後もたびたび活躍の機会を得ている。1898（明治31）年に3号御料車が完成すると地方のローカル線用に転じ、1913（大正2）年に引退。その後は大井工場に保管されたのち、鉄道博物館（のちの交通博物館）に移されている。現在はさいたま市の鉄道博物館に保存・展示されており、2003（平成15）年には国の重要文化財に指定された。そんな歴史的な車両が、〝列車トイレ〟のはじまりだった。

ただし、このトイレは御料車のトイレなので、誰もが使えるトイレではない。機会があったのは明治天皇だけで、それも実際に使ったかどうかはわからない。

続けて登場したトイレ付きの列車が走ったのは、北海道だ。1880年に開業した官営幌内鉄道（現在のJR函館本線にあたる）が輸入した車両の中にトイレがあった。

新橋～横浜間をはじめとする本州の鉄道は、イギリスに範を取って整備された。一方、

アメリカから輸入した開拓使号のトイレは洋式だった
写真提供＝鉄道博物館

開拓地・北海道の鉄道はアメリカ人技師の指導を仰いだこともあって、車両はいずれもアメリカから輸入されている。輸入されたのは、機関車2両と客車8両、貨車26両だ。トイレが付いていたのはハーラン・アンド・ホリングスワース社製の客車のひとつ。1両だけの最上等車（「開拓使号」と名付けられた）にトイレが備え付けられていた。1号御料車のトイレは国産なので和式だったが、開拓使号はアメリカ製なので洋式だ。日本ではじめての〝洋式の列車トイレ〟ということになる。

　最上等車の開拓使号は、トイレだけでなく鏡やストーブ、飲水器なども備えており、座席定員は42名だったという。開拓使号の様子を、当時の函館新聞は家の中と変わりないくらいに美麗だと報じている。

開拓使号は、1881（明治14）年に明治天皇が北海道を行幸した折に、御召列車としても使われた。一度御召列車になったからには、その後も一般の人が普通に利用するような車両として扱われることがあったかどうか。

その後、開拓使号は幌内鉄道民営化に伴って北海道炭礦《たんこう》鉄道に引き継がれ、国鉄を経て1923（大正12）年からは大井工場に保管されていた。現在は、1号御料車と同じく、さいたま市の鉄道博物館で展示中だ。

このように、はじめての列車トイレは誰もが気軽に使えるようなシロモノではなかった。天皇陛下やごく一部の身分の高い人だけのものだった。御料車のトイレはもちろんのこと、開拓使号のトイレが実際に使われた記録は見つかっていない。高貴な人のための車両のトイレ。それも日本人には馴染みの薄い洋式となれば、もしかすると一度も使われることがなかったのかもしれない。

ようやく鉄道にトイレが設置されても、誰もが自由に使えなければ旅する人々のピンチを救うことはできない。1872年の鉄道開業から、少なくとも15年以上はトイレのない鉄道での旅を強いられていたのである。まだまだ一般家庭のトイレもほぼすべてがくみ取り式のぼっとん便所。立ちションと野グソの時代から、それほど変わっていなかった。

すべては山陽鉄道からはじまった

1号御料車や開拓使号のトイレは、いわば〃特別な〃トイレに過ぎない。一般のお客が使える列車トイレは、1888（明治21）年に山陽鉄道で登場したのがはじまりとされている。

山陽鉄道は、現在のJR山陽本線にあたる神戸〜下関間を開業させた鉄道黎明期の私設鉄道会社だ。寝台車や食堂車を日本ではじめて取り入れたり、下関駅の脇でこれまた日本初の鉄道会社直営のホテル（山陽ホテル）を経営するといった、先駆的な取り組みで知られる。

この山陽鉄道が、1887（明治20）年12月から運行を開始した上等客車に、トイレが取り付けられていたという。イギリスからの輸入客車だったので、食堂車や直営ホテルのように意図して設けたものだったのかはわからない。ただ、トイレ付きの列車がかなりのインパクトを持っていたことは間違いなさそうだ。

山陽鉄道のトイレについて、当時の神戸又新日報がかなりの文字量を割いて取りあげている。それによると、客車は真ん中から二室に分かれており、その中央部にトイレがあったという。どちらの客室からもトイレに出入りすることができ、用を足したら屋根上のタンクから水が流れて汚物を洗い流す（つまり車外に流す）という仕組みだ。便器の脇には手洗鉢、つまり洗面台もあって、石けんも常備されていた。さらに口をすすぐためのコップや手を拭くためのハンカチーフまで。至れり尽くせりというか、たれ流しという点を除けばいまの新幹線のトイレと何ら遜色ないほどの、立派なトイレが備え付けられていたのである。

山陽鉄道のトイレ付き客車が運転を開始したのは、1888年12月9日とされる。この直前に兵庫〜明石間で開業したばかりで、同月23日には明石〜姫路間の延伸も控えていた。以後も小刻みに延伸し、1901（明治34）年に馬関（現在の下関）まで達する。設立時から山陽地域を駆け抜ける長距離運転を想定していたことが、早い段階のトイレ付き車両の導入の背景にあったのだろうか。

そして、山陽鉄道から遅れることおよそ半年、1889年5月から、官設鉄道でもトイレ付きの列車が走りはじめている。

件の肥田浜五郎の悲劇がその直前、つまり山陽鉄道にトイレが付いて、官設鉄道でもトイレ付き車両の運行が目前という時期だった。だから肥田は実にタイミングが悪かったと言うほかない。

それはともかく、官設鉄道のトイレ設置は下等客車からはじまったという。開拓使号は最上等車、山陽鉄道も上等車からだったのに対し、下等、つまり一般庶民が乗る客車からトイレを取り付けた。そこにどのような意図があったかはわからないが、少なくともこの時点から、鉄道の旅をする庶民も列車トイレの恩恵にあずかれるようになったのである。最初は山陽鉄道と同じように客車の中央部、1897（明治30）年頃から車端部に設置するいまのスタイルが定着している。

ちょうど1889年7月には新橋〜神戸間がすべて鉄路で結ばれて、長距離夜行列車の運転もはじまっている。運転距離が長くなれば、車内へのトイレ取り付けはいずれは通らねばならぬ道。そう考えれば、ますます肥田の悲劇が際立って見えてくる。

こうして少しずつ、鉄道の旅の途中で急にウンコをしたくなったとしても、なんとかなるような態勢が整えられてゆく。肥田浜五郎はもとより、黎明期に車内でオシッコをもらして罰金を命じられた先人たちも、これでいくらかは報われたといったところだろうか。

とはいえ、急に「車内にトイレができました」と言われても、人々がすぐに慣れたわけではなかったようだ。なにしろ、鉄道が開業してからほんの15年ほどとはいえ、駅での停車時間を利用してトイレに行っていたのが明治の人々だ。「駅に着いたらウンコ、オシッコ」

が、彼らの体に染みついていた。おかげで、いつ何時でも使えるはずの列車内のトイレなのに、みな駅での停車中に用を足していたのだとか。

余談だが、当時の新橋駅は現在の新橋駅とは違い、のちに貨物専用の汐留駅となって、現在は汐留シオサイトとして再開発されている。再開発に際して発掘調査が行なわれ、そのときにトイレの跡から喫煙具や印鑑、ボタン、下駄、がま口などが見つかったという。その頃のトイレはもちろんぼっとん便所。いまでもスマホを落としたという話はよく聞くが、人間は昔から便器の中に何かしら大切なものを落とすクセがあったようだ。

話を戻すと、最初期に設置された列車のトイレはもちろんたれ流し、「開放式」と呼ばれるスタイルだ。となれば、停車中に車内のトイレでウンコやオシッコをされたらどうなるか。列車が去ったあと、ホームの下の線路には、こんもりできたてホカホカのウンコやオシッコが残される。それが繰り返されれば、もう駅構内の線路はウンコ・オシッコまみれである。当然、とてつもない悪臭を放つ。ウンコとオシッコのニオイの中で、人々は次の列車がやってくるのを待たざるを得ない。いくらくみ取り式便所の時代で糞尿が身近だったとはいえ、耐えがたいものがあったにちがいない。

そこで、鉄道当局は停車中にトイレを使うことを禁止し、走行中に用を足すように呼び掛ける。開放式、たれ流しのトイレを見たことがある人ならば、「停車中のご利用はご遠慮ください」といった注意書きを目にしているはずだ。それは、明治以来の伝統の〝対策〟なのである。

「水洗」は列車トイレからはじまった？

当時の列車トイレは、もちろんすべて和式便器だ。洋式の便器を備えても、その頃の日本人が使えたかどうか。

そして、個室の中はたいそう臭かったようだ。床には木製のすのこを敷いていたが、誰しもうまく便器の中に排便できるならまだしも、意外と失敗することも多い。男性諸君なら、立ちションがそれほどうまくコントロールできるわけではないことをよく知っているはずだ。

で、飛散したオシッコ（たまにウンコ）がすのこに染みこみ、悪臭を発するようになる。車外に汚物を流すための配管もむき出しで、いまのような衛生観念もないから清掃もおざなりだったところもあるだろう。

ただ、いくらなんでも悪臭をそのままにしておくわけにはいかない。そこで、大正時代には床敷を木製のすのこから人造石に変更、さらに昭和に入ると磁器製のタイルを採用するなど、トイレの環境も整えられていった。

また、ウンコやオシッコを汚物管から車外に流すとき、対向列車とすれ違ったりトンネルに入ったりすると、風圧によって臭気や汚物が吹き上げられて車内に逆流する惨劇もあった。ニオイだけならまだいいが、汚物が汚物管を通じて戻ってくるとなると笑いごとではない。ようやくウンコを出してホッとしたというのに、便器の穴から自分が出したばかりのウンコが吹き上がってくる。想像しただけでもぞっとする、黎明期の列車トイレの悲劇、地獄絵図である。

これもさすがにそのまま捨て置くわけにはいかない。昭和のはじめ頃には、汚物管に風の向きをコントロールするための導風ダクトを取り付け、ウンコとオシッコとそのニオイを、確実に車外に送り出す仕組みを整えた。

こうした工夫の数々も、実のところ本質的な解決にはほど遠い。何しろ、列車の中で排泄したウンコとオシッコはそのまま車外へとたれ流しなのだ。それでも、最初期からまったく何もしないでいたわけではなく、それなりに快適なトイレを目指して対策を進めていたことだけは事実なのである。

それは、便器の洗浄（といっても、しつこいですが車外に流すだけです）でも同様だ。客車の中に穴を設けて便器をはめ込み、ただ車外に落とすだけという実に原始的な列車トイレだったが、実は山陽鉄道の例の通り、最初期から水洗化が実現している。

海外に比べて、日本は水洗トイレの普及が遅かったという。ヨーロッパでは、それこそローマ帝国の時代からウンコを水で流す水洗トイレが整備されている。ところが、ウンコを下肥として再利用していた日本では、下水道が整備されていた江戸時代ですらトイレばかりは水洗にならなかった。明治に入っても、そうした傾向は変わっていない。

しかし、ウンコとオシッコをそもそもため込むという発想を持たない列車のトイレでは、効率よく汚物を便器から流すための手段が水洗しかなかった。

はじめは用を足した後に紐を引っ張ると、屋根上のタンクから水が流れる構造だった。ただ、この方法では重力による自然落下に頼っており、水の勢いがいまひとつ。屋根上というタンクの設置場所から容量が制限されてしまい、こまめな補給が必要になるという難点もあった。また、大正時代の終わり頃から主要路線の電化が進むと、架線に近い屋根上に登って給水する作業は安全性に問題が出てくる。

そこで、昭和初期からは床下にタンクを設置し、水をくみ上げて流す仕組みに変更されている。ちょうどこの頃には空気ブレーキが実用化されており、圧縮空気を利用した揚水装置を使うことができるようになったのだ。はじめは紐を引っ張っていた洗浄も、時代とともにペダルを踏んで流すスタイルが取り入れられ、衛生面でもいくらかの改善は進んでいった。

こうして付け焼き刃のようではあっても、少しずつ改善しながらトイレの設置は進んでいった。1924（大正13）年には、南海鉄道が電車にはじめてトイレを設置し、昭和初期には横須賀線をはじめとする電車、中国鉄道（現在のJR津山線）の気動車にもトイレが登場している。

しかし、必ずしもすべての列車にトイレがあったわけではないようだ。特に、明治時代の終わり頃から大正時代までは、長距離を走る列車であってもトイレがあったりなかったり。事前にトイレの有無が知らされるわけでもなし、お客は乗ってみなければそれがわからないという状態だった。おかげで、なかなか辛い目にあう人もいたようだ。

志賀直哉が1910（明治43）年に発表した小説『網走まで』は、まさにトイレのない列車に乗ったが故の苦しみを描いている物語だ。

簡単にあらすじを紹介しよう。

著者が宇都宮の友人に会うべく東北本線に乗っていたら、7歳ぐらいの男の子と乳飲み子を連れた母子と乗り合わせる。母子の目的地は網走だという。石橋駅を過ぎたあたりで、男の子が「母ァさん、しっこ」。車掌に聞けば列車内にトイレはなく、次の雀の宮駅では停車時間が短い。なので、8分の停車時間がある宇都宮駅で用を足すことになった。乳飲み子に乳をやりながら、男の子にガマンを促しながら、なんとか宇都宮駅までやり過ごす。宇都宮駅に着いて駅のトイレに行こうとしたら乳飲み子が泣き出して……といった物語だ（ちなみに物語は宇都宮駅で終わり、網走には行かない）。たまたま運悪くトイレがない列車に乗ってしまっただけのことなのだが、それでも小さな子どもを連れている母親は、これればかりに苦労したというわけだ。

トイレがあったらあったで思わぬ問題が生じるもので、列車内のトイレをめぐるトラブルは枚挙にいとまがない。1935（昭和10）年、作家の谷崎潤一郎が『文藝春秋』に寄せた文の中に、こんなことが書かれている。

知り合いの編集者が大阪から京都に出張する折、トイレのドアを勢いよく閉めた拍子に握りの金具（つまりドアの取っ手だろう）が落ちてしまい、開けることができなくなった、というのだ。

早い話が、閉じ込められてしまったのである。大声で叫んでもどうにもならず、落ちた金具でトイレの扉をコツコツと叩いていたら、乗客の誰かに気付いてもらって助かった、という。谷崎は、「夜汽車の急行などでから云ふ災難に遭ふと、何時間立ち往生をさせられるか分からない」から、「汽車の便所へ這入る時にはドーアの開閉を乱暴にせぬやう、特に心を配ることにしてゐる」と書く。ごもっとも、である。

かくのごとく、トイレはなければないで悲劇を生むし、あったらあったで悲喜こもごも。列車のトイレは、ドラマの宝庫なのである。

汚物を運んだ「黄金列車」

少なくとも戦前から戦後しばらくまで、90年近くも日本の鉄道はウンコとオシッコをたれ流しながら走ってきた。この時代の列車トイレをして「開放式汚物処理」などというが、実際のところは何も処理などしていなかったに等しい。

それが許容されていたのは、諸外国を含めて代替の手段がなかったからだ。また、一般家庭でもくみ取り式のトイレがほとんどで、たまったウンコとオシッコは下肥として再利用されていた。それが近代になっても続いていたし、都市部はともかく農村には肥だめがあった。現代人に比べればよほどウンコとオシッコが身近にあったのだ。だから、列車がウンコとオシッコをたれ流しながら走っていても、抵抗感が小さかったのかもしれない。

一方で、〝貨物〟としてウンコとオシッコを運んでいたことがあった。いわゆる「糞尿輸送列車」である。

鉄道による糞尿輸送でいちばん知られているのは、戦時中に当時の武蔵野鉄道、現在の西武鉄道によって行なわれていたものだ。それ以前、大正から昭和初期にかけても、現在の東武伊勢崎線・東上線などで糞尿輸送の実績がある。ただ、ちょうどトラックによる貨物輸送が普及した時期でもあって、鉄道による糞尿輸送は長続きしなかったようだ。トラックで東京都内から集められたウンコとオシッコは、郊外に運ばれて近郊農業の肥料になっていた。

ところが、戦争の時代に入ると、トラックでの輸送が難しくなってくる。理由はひとつ、戦局の悪化によるガソリン不足だ。それでもはじめは港までトラックで運び、船に乗せかえて東京湾の外で海洋投棄していたという。しかし、船の燃料も不足してくると、東京湾にそのまま棄てるようになる。当時の東京湾は好漁場。そこにほいほいと東京都民の糞尿を棄て続けるわけにもいかない。

そこで、鉄道に頼ったのである。

当時の大達《おおだち》茂雄東京都長官が、武蔵野鉄道社長で箱根土地などを率いていた実業家の堤康次郎に鉄道での輸送を相談。堤は社内で調整することもなく、独断でそれを引き受けた。社内では反発もあったようで、さらには運輸省からも反対されてしまう。それでも堤は「このせっぱつまった大問題を、どうしてほおっておけようか」「私は、法規にも、監督官庁の意向にも、いっさいおかまいなしに、すぐ、その実行を着手した」(『苦闘三十年』)と、糞尿輸送に挑んだ。

堤は糞尿を運ぶための専用タンク車を大量に製造し、現在の西武池袋線・新宿線沿線数10カ所に貯留タンクを設置。肥だめの上にレールをそのまま引っ張って、タンク車から糞尿を落とす、という仕組みを考えた。そして、空っぽになったタンクには近郊農村から野菜を運ぶことができるようにしている。

このアイデアは1944(昭和19)年2月から実行に移された。ウンコとオシッコを運ぶ西武線、人呼んで「黄金列車」。西武線の車両が黄色だったのは黄金列車を走らせていたからだ、などという都市伝説まで生まれている(もちろんそんなわけはありません)。

戦後もしばらくは西武による糞尿輸送が続き、１９５３（昭和28）年３月をもって終了している。農村が必要としていた肥料はしだいに下肥から化学肥料に代わり、また郊外の宅地化によって農村地域が減少していたからだ（その宅地化を促したのは、堤の西武をはじめとする郊外鉄道だった）。

鉄道のトイレとは直接かかわりのないことではあるし、糞尿を鉄道が運んだのはほんの短い期間にすぎない。けれど、ウンコやオシッコと鉄道のかかわりを考える上では、決して無視はできない一幕であった。

衝撃の実験結果

細かな進化はあったものの、鉄道のトイレは本質的になにひとつ変わっていなかった。１８８０年代後半にトイレが設置され、誰もがウンコとオシッコの不安なく鉄道の旅ができるようになっても、「たれ流し」という問題は、一向に解消されることがなかった。というよりも、むしろたれ流しが問題視されることもほとんどなかったと言っていい。

ついでにいえば、水洗設備の故障や器具の盗難などもあって、およそ快適なトイレとはほど遠い状態。戦時中には、水洗といいながらも給水タンクが空っぽ、などということもざらにあったに違いない。

戦前からたれ流しを問題視する向きがなかったわけではない。たとえば、大正末期に行なわれた腸チフス流行対策を検討する政府の技術官会議。ここでは、たれ流しの列車のトイレが町中などいたるところに汚物を放っており、感染対策上非常に危険であると医系技官から指摘されている。しかし、この指摘に対して当時の鉄道省は、たれ流しを改めてウンコとオシッコをためて走るのは現実的ではないと応じている。医療関係者の間では、ばい菌だらけの汚物をたれ流すことに対する危険性は認識されていても、それが広く膾炙《かいしゃ》することはなかったのである。

ところが、終戦から間もない1951（昭和26）年、衝撃の実験結果が発表される。

1950年の年末から翌1951年3月にかけて、ある実験が行なわれた。徳島医科大学（1951年4月に徳島大学医学部発足）の岡芳包《よしかね》教授の指導のもと、徳島鉄道病院の豊田均院長ら11人が手がけたこの実験は、列車のトイレからたれ流された汚物がどの程度飛散しているのかを調査したものだ。具体的には、特定の区間で便器に赤インクを流し、地上に濾紙《ろし》を敷いてどの範囲までインクが付着しているのかを調べたのである。

その結果は、衝撃的なものであった。

平坦地では地上に幅広く飛散し、トンネル走行中には風で舞いあがって窓上から屋根近くにまで赤インクが付着していた。橋の上ならばそのまま川に落ちるかと思いきや、これまた風圧で舞いあがって窓に届く。１９５２（昭和27）年に行なわれた列車すれ違いでの飛散状況を調べる実験では、なんと窓から車内に入って反対の窓にまで赤インクが（つまり汚物が）飛び散っていた。誰かがトンネルや列車すれ違いのタイミングでウンコをすると、そのウンコが窓の中にまで飛び込んできていた、ということだ。

岡教授は、まだ大阪大学に籍を置いていた１９３８（昭和13）年にこの実験を思いついていたのだとか。東北大への出向を命じられて往復する列車内でふと思いついて客車の側面に白い紙を貼り付け、トイレから赤いインクを流した。すると、紙にごくわずかながら小さく赤インクが付いていた。それが原点となって、１９５０年のこの実験につながった。岡教授はかねてから、列車のたれ流しトイレの衛生面に疑問を抱いていたのだ。

実験の成果は、加賀山之雄総裁ら、国鉄幹部の面々も臨席した１９５１年４月の日本交通災害医学界総会で発表される。さらに岡教授は、雑誌『文藝春秋』の同年９月号に「列車糞尿譚」と題する一文を寄稿した。

ここで、岡教授は実験をするに至った理由からその結果の概要を示すとともに、「車窓遙かな風光を賞美する時、無情にも汚物の微滴が容赦なく口や目鼻に飛び込む可能性は高い」「乗降の際殆んど誰もが握る手摺はどれも充分に汚染されてゐると見なければならない」とも指摘。腸チフスや結核、赤痢といった細菌保持者も列車の中にいると説き、読者の恐怖心を喚起している。

この『文藝春秋』が話題を呼んで、世論も動く。新聞などのメディアにも取りあげられ、汚物のたれ流しが社会的な問題として注目されるきっかけになったのだ。

岡教授は、汚物を一時的にタンクにため、駅に停車した際にタンクのバルブを抜いて汚物専用側溝に流し込み、大量の水と共に浄化槽に流す方法を提案している。また、薬品によってため込んだ汚物を浄化して停車中に車外に落とすというアイデアもあったようだ。ただし、いずれにしても床下の配置設計を変更する必要があり、また駅の施設改良も伴うため、すぐにどうこうできるようなものではなかった。

この時点での対策は、せいぜい汚物管の改良止まり。

しかし、少なくとも岡教授らの実験が、「たれ流し撤廃」への第一歩になったことは間違いない。

汚物タンクを積んだ列車の登場

岡教授らの実験がひとつのきっかけとなって、鉄道黎明期以来の〝たれ流し〟撤廃に向けた第一歩が刻まれた。

とはいえ、たれ流しの撤廃は容易なことではなかった。当時、世界的にも汚物タンクを搭載した鉄道車両はほとんど例がなく、〝たれ流しはやむなし〟が世界的潮流だったと言っていい。

そうした中で、１９５８（昭和33）年に日本ではじめて汚物タンクを備えた車両がお目見えする。天下の国鉄……ではなくて、なんと私鉄の小田急電鉄であった。小田急が１９５８年に新造した２３２０形という準特急形車両で、トイレの床下に１６２リットルの小型汚物タンクを設けたのだ。汚物タンクを備えた鉄道車両としては、確認できる限り日本初の例である。

２３２０形は特急ロマンスカーを補完するような役割を期待されていた。新宿から小田原までの長距離輸送を想定していたのだろう。また、当時の小田急は戦時中の私鉄統合による〝大東急〟から独立した直後で、３０００形ＳＥ車ロマンスカーの投入などによって、独自色を強めていた。タンク付きの車両も、沿線への配慮や先進的な技術によって独自性

特急「こだま」151系。脱たれ流しの第一歩を刻んだ車両だ

をアピールしようという狙いがあったのかもしれない。

　肝心の国鉄で本格的なたれ流し対策がはじまったのは、こだま形151系電車からだ。

　151系は、1958年11月にデビューした。東京から大阪までを最高時速110キロ、約6時間50分で結ぶ電車特急「こだま」の車両だ。それまでの東京〜大阪間は「つばめ」や「はと」といった客車特急が約7時間30分で結んでいた。それが、電車特急151系の登場によって、〃7時間の壁〃を突破。東京から大阪までを日帰りできるようになって、「ビジネス特急」とも呼ばれた名列車のひとつだ。

途中の停車駅は、横浜・名古屋・京都だけだった。つまり、横浜駅を出てからは実に300㎞もノンストップで駆け抜けるという、いままでにない特急列車だったのだ。

それだけの長距離を高速で走る特急「こだま」。だから、従来通りのウンコ・オシッコたれ流しでは、件《くだん》の実験を例に挙げるまでもなく汚物の飛散範囲が広がり、沿線への影響も大きくなってしまう。

といっても、最初は従来通りのたれ流しのまま走っていたのだから、あまり胸を張れる話でもない。そこで国鉄は、二つの方式をテストした。ひとつは、小田急と同じく汚物をためるタンクを搭載する方式。もうひとつは、汚物を粉砕して粉々にし、殺菌水と共に車外に排出する「粉砕式汚物処理装置」である。

2方式は、1960（昭和35）年に「東海形」と呼ばれた153系電車に取り付けて実証実験が行なわれた。その結果、タンク式の限界が明らかになる。

床下機器の関係からスペースに限りがあり、搭載できるタンクの容量は420ℓ程度が限度だった。ところが、「こだま」の東京～大阪1往復にあたる13時間を待たずに満タンになることが判明したのだ。途中で汚物を抜き取らずに東京～大阪間を往復するには、

1000ℓのタンクが必要になると想定された。このため、タンク式は断念せざるを得なかった。小田急線でタンク式が実現したのは、輸送距離が比較的短いからだろう。

一方、粉砕式は形になった。最初の実用例は、1961（昭和36）年6月の常磐線上野〜勝田間や山陽・鹿児島本線小郡（現・新山口）〜久留米間の交直流電車から。その後、1961年10月に増備されたこだま形151系に取り付けられたのだ。

粉砕式汚物処理装置は、その後も153系、157系、161系、401系、421系、20系客車などに取り付けられ、〝脱たれ流し〟を形にした最初の例になっている。

この時代、国内はもとより世界中を見渡しても汚物はたれ流し一辺倒。それどころか、船は当たり前のように海中投棄だし、飛行機だって空中にそのまま放出していた（文字通りの雲散霧消、ウンコが霧になって空中に放たれていたと思うと空恐ろしい）時代だ。そこにあって、一定程度の汚物処理を実現したことは、画期的と言っていい。

……などといっても、粉砕式は粉々にして消毒を施してはいても、それを走行中に車外へ放っている点においては開放式のたれ流しと本質的な違いはない。本格的にタンクを搭載する列車の登場は、特急「こだま」の後継、1964（昭和39）年に開業する東海道新幹線を待つことになる。

だから、粉砕式汚物処理は小さな一歩に過ぎない。でも、汚物処理を前進させたという点では、大きな一歩だったのである。

たれ流し批判の高まり

1959（昭和34）年3月11日、朝日新聞の「きのうきょう」という小欄で、「便所で最も原始的なものといえば、それは列車便所であろう」と書かれている。それくらい、列車のトイレ問題は大きな社会的テーマとなりつつあった。粉砕式という〝小さな希望〟は見えていたが、粉砕式汚物処理装置を備えた車両はごくわずか。1964年には、東海道新幹線が汚物タンクを搭載して走りはじめている。しかし、ほとんどの列車はあいもかわらずウンコとオシッコをたれ流し続けていた。踏切で待っていたら通り過ぎる列車から汚物が飛んできたとか、撮り鉄が線路際でカメラを構えていたら汚物をかぶったとか、そういうエピソードも残っている。

1960年には、東海道本線の湘南地区の沿線住民から神奈川県当局に苦情が寄せられている。これを受けて、神奈川県衛生部と沿線自治体は、連名で「国鉄路線の衛生に関する要望」を東京鉄道管理局に提出。汚水の飛散範囲を独自で実験し、最も遠いところでは

21m、高さは2mに達すると明らかにした。

1963(昭和38)年になると、国鉄は長距離列車で東京都内に入ってからトイレは使うなという車内放送をするようになった。

東北本線尾久~王子間の踏切付近で、カーブをして北から上ってくる列車から汚物がまき散らされた。周囲は住宅密集地。ちょうど朝に洗濯物を干そうとしていたら、上ってきた夜行列車から寝起きのウンコ・オシッコが飛んでくる。想像するだに恐ろしい朝である。沿線住民による東京鉄道管理局への抗議の結果、窮余の策として都内トイレ使用停止を求めることになったのである。

この年の9月には、三木行治岡山県知事が列車便所の改善を求める要望書を国鉄に提出している。医師でもあった三木知事は、汚物のたれ流しが赤痢菌や大腸菌を拡散する一因になっているとして、一刻も早い対応を求めたのである。当時の伝染病予防法などの法律では、道路に汚物をまき散らすことを知事が禁止することができた。しかし、国鉄にはその規制が及ばない。そこで直訴に及んだというわけだ。

さすがに県知事の直訴となれば、国鉄も無碍《むげ》にはできない。

しかし、当時の対策といっても新幹線に設置予定のタンク式か、151系などに搭載されていた粉砕式くらいである。粉砕式にしても、当時の国鉄車両およそ1万両すべてに取り付けると、実に30億円もかかる。車外に放出するときに必要な殺菌液も、1両あたり40万円。これは粉砕式の車両を運用し続ける限りかかってくるランニングコストだ。

１９６３年の時点で、国鉄はまだかろうじて黒字を維持していた。しかし、大都市圏の通勤ラッシュ対策から新幹線建設、膨らむばかりの人件費。実際、１９６４年から赤字に転落するわけで、いくらたれ流し対策とはいえ、トイレの改良に30億円をひねり出す余裕など、まったく持ち合わせていなかった。

そして、一向にたれ流し解消の目途が立っていなかった１９６０年代後半。ある一冊の小冊子を契機として、ついに「黄害」批判が吹き荒れるのである。

たれ流しの実態を暴いた『国鉄糞尿譚』

「糞尿による汚染は、全国民が一億総加害者、総被害者であると言っても差しつかえないほどです」——。

１９６８（昭和43）年6月に発行された、『国鉄糞尿譚』の一節である。

『国鉄糞尿譚』は、国鉄労働組合全国施設協議会本部が発行、国労中央執行委員で全国施

設協議会議長の秋元貞二が編集した、非売品の小冊子だ。メディア関係者を中心に配布され、たれ流しの列車トイレが沿線ばかりか保線作業を担う職員たちを文字通り〝直撃している〟ことを指摘し、早急な対策を訴えた。

その中では、国鉄職員、保線労働者たちの苦しみがつぶさに記されている。たとえば、作業員が通過する列車を避けて待っていたら、車内からオシッコが飛んできて顔にかかった、などという生々しいエピソード。こうした体験談とともに、改善の必要性を切々と訴える。

鉄道車両にトイレが設置されて以来の伝統になっていた「停車中は使用しないでください」のご案内。これにも「誤りのはじまり」と切り込んでいる。

曰く、駅で停車中に用を足してもらうようにして、各駅にはおまるを抱えた職員を待機させ、糞尿を受け止めればいいじゃないか、という。こうした対策をすることなく走行中に排泄させるということは、ウンコとオシッコを跡形もなく飛散させ、人目に付かなくさせる〝ごまかし〟に過ぎないと喝破する。

一日の〝たれ流し量〟も試算している。1967(昭和42)年度の年間の輸送人員約80億人を一日あたりに換算し、全乗客に対して大便係数0・03、小便係数0・2を乗じてそれぞれの排便機会を算出。平均的な排便量をウンコ一回に300g、オシッコが一回に350mlと仮定、全体の〝たれ流し量〟を計算した。

それによると、一日にウンコが2000t、オシッコが145万ℓ。これだけの汚物が日本中を走り回る列車から吐き出されているというのだ。もはや多いのか少ないのかもわからないが、たぶん途方もない量だ。これだけの汚物によって、日本中の線路が汚染されているのである。

『国鉄糞尿譚』が世に出た時期には、より詳細に糞便による汚染を調べる実験も行なわれている。その結果、踏切付近では列車から25m離れたところにまで汚染が及び、トンネル内は汚物でビッシリ。窓や座席にシャーレを置いて細菌を採取してみると、もちろんこちらにもビッシリ。窓から手を突き出してみると、数十万から数百万個もの菌が付着したという。

ただの菌ならまあいいか、などという話ではない。赤痢や結核、腸チフスなどの病原菌でないとは言い切れない。そんな菌が付着した手で握り飯でも食べた日には、いったいどうなることやら。

労組では、沿線で発生した赤痢の集団感染のデータも集めている。そのうち、1955

（昭和30）年に発生した余部《あまるべ》鉄橋下の集落での集団感染や、1962（昭和37）年にトンネル内を流れる湧き水を飲用している集落での集団感染は、いずれも保健所によって列車から出た細菌が原因と断定されたという。つまり、鉄道はただウンコとオシッコをたれ流すだけでなく、病気までまき散らしていたのだ。

コロナ禍の折、大都市圏から地方にやってきた人をウイルス扱いする、などということがあった。それはまあ、わかりやすいくらいの差別というか、パニック状態だったのであるが、たれ流しの鉄道車両は、正真正銘の病原菌を全国各地にまき散らす装置になっていたのである。『国鉄糞尿譚』では、鉄道をして「糞尿を散布する機械」と言ってのけているが、実際にはそれ以上の被害が知らず知らずのうちに生じていたのである。

吹き荒れる「黄害」

当時の国鉄車両は、旅客車で客車・気動車・電車あわせておよそ2万5000両。このうち、1万8000両にトイレが取り付けられていた。タンク式は新幹線だけで、粉砕式もごくわずか。1万8000両のうち、ほとんどがウンコとオシッコをたれ流しながら走っていた。

この頃には「黄害《おうがい》」という言葉が登場する。保線労働者たちとともに〝被害者〟である沿線住民、さらには衛生学・医療の専門家も対策を求める声を上げる。彼らが一堂に会する「黄害追放全国大会」まで開かれた。これはその後保線労働者たちによる訴訟にまで発展している。

国会でも「黄害」が取りあげられた。

当時の中曽根康弘運輸大臣は、運輸委員会で対策を問われると、「力を合わせて改良する方向に前向きに取っ組んでやろうと思っておるわけです」と答えている。しかし、同時に国鉄が累積1兆円を超える赤字を抱えていることを持ち出し、「97年間のものを一朝にして改良することはできない」とした上で、年次計画を立てて緊急度の高いものから改良してゆくと応じた。どのつまり、問題なのはわかっているけれど、すぐには全面解決はできない、というわけだ。

また、1968（昭和43）年8月8日の参議院社会労働委員会でも、磯崎叡《さとし》国鉄総裁（当時）が詰められている。

車両の改良で汚物のたれ流しを対策せよと迫られると、「1万8000両全部を改良することはとてもいまの国鉄の財政事情からできないし、国で補助してくれると言っても

800億円を国鉄にくださることは難しいと思う」と歯切れの悪い答弁。その一方で、厚生大臣や労働大臣は「国も主体となって早急に結論を得ねばならぬ」と、どちらかというと野党寄りの見解を示している。

それだけ国鉄の苦しい立場が浮き彫りになっているわけだが、最終的に磯崎総裁は特別清掃地域内（清掃法に基づく主に大都市圏）の使用禁止を徹底的にやると答えさせられている。答えに窮して、ともいえるが、もっと言えばこれくらいしかその時点で確約できる対策がなかったのも現実だった。

国鉄にしてみれば、わかってはいても手がつけられなかったトイレ問題。それが『国鉄糞尿譚』をきっかけに火がついて大炎上したのだから、苦しい立場であった。

1960年代は、国民の環境・衛生意識が高まりつつあった時代だ。高度経済成長の〝ひずみ〟としての公害が表面化。1967年には公害対策基本法が施行されている。満足に食べることもできなかった終戦直後の困難を乗り越えて、復興から経済成長へ。衣食住に困らなくなれば、次は快適な環境を求めるのが人の常、ということなのだろうか。そんな中で、旧態依然としたたれ流しを続けていたのだから、批判を浴びるのも当然のなりゆきであった。

もちろん、国鉄だって何もしていないわけではなく、対策に頭を悩ませていた。

1964年には、運輸省・厚生省・国鉄の三者によって列車便所衛生対策改善連絡会が設置され、具体的な対策を練りはじめていた。また、1965（昭和40）年には清掃法が改正され、「特別清掃地域内において便所が設けられている車両を運行する者は、当該便所に係る屎尿《しにょう》を環境衛生上の支障が生じないように処理することにつとめなければならない」の文言が書き加えられている。

1968年8月14日の国鉄業務運営会議では、「大都市発着または通過列車之便所使用制限方法と汚物処理装置の地上設備の設置方法との検討を急ぐ事」という通達が出る。それを受け、国鉄は同22日に「列車トイレット改良の基本方式」を決定。粉砕式ではなくすでに実用化が見えていた循環式の採用や、東海道本線・山陽本線を優先する方針が定められた。

そして、同年9月には5～10年後を目標としたトイレ改善計画が正式にスタートすることになる。車両改良に350億円、地上設備に450億円を要するビッグプロジェクトであった。

1969（昭和44）年には、東海道・山陽本線の特急・急行列車を手はじめに、車両設備と地上設備の設置・改良が決定。品川・田町・向日町・宮原・南福岡の各車両基地に汚物排出設備を設け、それぞれの基地に所属する2100両に循環式汚物処理装置を取り付けるというものだった。実際に同年度中には品川・向日町・宮原に地上設備が設けられ、「白鳥」「かもめ」「銀河」「きたぐに」などに循環式汚物処理装置が搭載されている。

こうした文脈の中で見れば、『国鉄糞尿譚』は小さな〝火付け役〟に過ぎなかったのかもしれない。いずれにしても、『国鉄糞尿譚』発行に前後して、ようやくウンコオシッコたれ流しは、抜本的な対策へと進みはじめた。遅すぎたきらいはあるにせよ、国民の衛生意識の高まりを背景に、ようやく黄害対策に本腰が入ったのである。

脱たれ流しは一日にしてならず

脱たれ流し、つまり循環式汚物処理装置の車両への取り付けと、地上設備の整備は、東海道・山陽本線を第一期工事としてスタートする。

なお、第一期工事には、のちに横須賀線・総武線（車両基地は幕張・大船）も対象に加わった。これは、両路線が地下トンネルを介して直通運転をすることが決まっており、都心のトンネル内で汚物たれ流しをするわけにはいかないという事情があったからだ。

第一期工事に続けて、1973（昭和48）年2月には第二期工事が決定する。対象は東北・常磐・上越・信越各線で、青森・仙台・秋田・長野・金沢の車両基地への地上設備整備が計画された。さらに、１９７５（昭和50）年には第三期工事として札幌・函館・新潟・東大宮・神領・日根野・下関・高松・早岐・鹿児島への地上設備建設が決定している。

……と、こうして計画ばかりをまとめると、脱たれ流しは順調に進んだかのようにみえる。けれど、現状はまったく思うようにいっていなかった。

第三期工事の決定から5年経った１９８０（昭和55）年の時点で、予定していた22基地のうち、暫定的であっても使用を開始していたのは11基地に留まっている。それ以外の基地では、工事に着手すらできないありさまだったのだ。

その理由のひとつは、下水道整備計画の遅れだ。

車両基地で列車のタンクから抜き取られた汚物は、９基地では最終的に下水道に放流して処理することを前提としていた。しかし、１９８０年代に入っても、下水道を利用できる地域の人口比率を示す人口普及率は30％に留まっていた。そもそも本格的に脱たれ流し対策がスタートした１９７０（昭和45）年も、ようやく人口普及率が20％に達した程度。そこからの下水道整備が思うように進まず、それが地上設備の整備にも影響したのである。

そして、もうひとつの大きな理由が、地元住民の反対だ。

1976（昭和51）年から1983（昭和58）年まで国鉄総裁を務めた高木文雄は、著書の『国鉄ざっくばらん』（1977〔昭和52〕年）の中で、次のように書いている。

し尿を線路に落とさないでタンクにため、どこかで処理しようという話になる。ところが、その処理場をつくらせてくださいというと、地元民から猛烈に反対されてしまう。たとえば、上野発青森行きの列車にし尿がたまる。上野発青森行きの列車は、七時間か八時間夜行で走っているから、これを途中で抜くわけにはいかない。結局、青森へ着いて、翌朝また青森を発つまでに処理しなければならない。

そこで青森県へお願いすることになるのだが、青森県民からは「どうして東京や福島県、岩手県で出てきた排泄物をわれわれ青森県が引き受けなければならないのか」と文句を言われることになる。

しかし、そう言われても、これを途中のあちこちで処理するわけにはいかない。なにしろ、し尿を〝端末処理〟するには、一基平均八億円も設備費がかかるし、だいいち終着駅でなければうまくさばけない。

これ以上にわかりやすい説明はなかろう。

高木総裁もたとえているが、まさに1970年代前半に東京で燃えさかっていたゴミ戦争さながらである。東京のゴミ処理は江東区がほぼ一手に担っていたが、ゴミの増加によって生活環境が悪化、東京都がすべての特別区に処理施設（清掃工場）の建設を決定する。しかし、杉並区では清掃工場建設が遅々として進まず、最終的に江東区が杉並区のゴミ搬入を力ずくで阻止するという事態にまで発展した。これが、東京ゴミ戦争だ。よその土地で発生したゴミを、なぜウチの町まで運んできて処理させられるのか。その疑問不満はごもっとも至極というほかない。これとまったく同じことが、列車の汚物処理でも起こっている、というわけだ。

ただし、鉄道と東京のゴミ戦争では決定的な違いがある。それは、東京ゴミ戦争で運ばれるゴミは、ほんとうにただ運ばれてくるだけだということ。対して、鉄道の場合はウンコとオシッコだけでなく人も一緒に運んでくる。人をわが町に運んできてくれる代わりに、その人が道中で排泄したウンコとオシッコもついてくる。

それに、どちらか一方だけに処理施設が置かれるわけではなく、東京にも地上施設は建設されている。単純に「よそで出したウンコでしょう」と拒否するというのも、難癖に近い。

これは現実的な問題としての反対というよりは、感情的な反対なのだろう。

具体例をひとつあげれば、1976年には大宮に汚物処理施設を整備することに対し、周辺住民が「悪臭公害の汚染源になる恐れのある処理場の建設は絶対反対」と国鉄東京第三工事局に意見書を提出している。しかし、実際には最新の処理設備を採用しており、悪臭や汚物が外部に漏れ出ることはあり得ない。科学的には、反対の根拠はまったくあたらない。科学的な合理性は理解できても、感情的には受け入れがたいということなのだろう。

ちなみに、地上設備のうち、13の基地では下水道ではなく河川放流を予定していた。もちろん汚いままではなくて、きちんと処理をした上で放流するのだが、こうした計画も河川汚染につながりかねないという印象を抱かせ、反対につながった面は否めない。

加えて、長年の赤字によるサービス低下や頻発するストライキなどに起因する、国鉄への反発も背景にはありそうだ。

いずれにしても、こうした地上設備の建設反対の動きなどもあって、国鉄の黄害対策は遅れていった。

〝脱たれ流し〟達成は21世紀になってから

このように、いろいろと思うように進まないところもあったが、それでも少しずつ、そして着実にたれ流しのトイレは減っている。

１９８０年度の時点で、全国16基地に地上設備が整い、車両では４５００両にタンクが取り付けられている。特急・急行形車両の５６０両、普通列車の７９０両はすでにタンク付きになっていて、さらに大都市圏の中距離電車に対してもタンク式を導入する検討が進んでいた。

もともと大都市圏は車両の運用が複雑で、それでいて長距離を走る列車でもお客の乗車距離は短いことが多い。そのため、トイレの利用率は低かった。そこで、１９７７年以降の新製車両では、１編成にトイレ付き車両を１両にして、トイレの絶対数を減らすことでタンク取り付けのコストを抑える方法を採っていた。

しかし、１編成１トイレにしてみると、利用者からのクレームが相次いだ。使わないときにはあってもなくても何も思わないのに、いざ使いたいときにないと困るのがトイレというシロモノ。それも、なかったからといって「仕方がないね」では済まないほどの大ピンチとの隣り合わせだから、クレームになってしまうのもやむを得ない。加えて労働組合の反対もあって、トイレ増設に方針を転換している。

この方針は、いまでも一応は堅持されているようだ。たとえば東海道本線から上野東京ラインを介して高崎や宇都宮まで走るような中距離列車では、15両編成でトイレは4カ所（グリーン車用トイレ含む）。関西を走る新快速は、12両編成で2カ所のトイレを持っていることが多い（1カ所の編成もある）。

話を戻すと、特急や急行、また都市部を走る車両だけでなく、ローカル線を走る列車でも対策が進んでいった。こちらも中距離電車同様に、トイレの数を減らした上でタンク式に転換するという方法を採用。赤字に苦しみ、その結果分割民営化にまで追い込まれていった国鉄が、限られた予算の中で脱たれ流しを実現するための、苦肉の策だったのだろう。

こうして速やかとは言えなくても、確実に進んでいった脱たれ流し。だが、1970年代後半になっても新聞や雑誌などでは国鉄批判のテーマのひとつとして取りあげられることが多かった。

国鉄は、PR誌『国鉄通信』の1976年6月号で「列車トイレ対策の現状」なる項を設け、対策の進捗を明らかにするなど、広報にも力を入れている。

その中では、長距離列車と地下乗り入れ区間から優先して対策を進めていることを説明。

理由として、長距離列車は短距離・中距離列車と比べてトイレの使用頻度が数倍から数十倍になること、また地下では密閉状態になるため、たれ流しでは臭気が問題になることなどを挙げている。加えて地上設備での処理方法も詳細に解説し、施設外に影響が及ばないこともアピールする。

ついでにいうと、週刊誌で取りあげられた黄害問題の記事を引き合いに出して、「問題点の強調のみで対策状況に言及していない」と皮肉ることも忘れていない。一方的な報道を繰り返すメディアの姿勢というのはいまも昔も変わっていないようだ（などと、メディアで仕事している筆者が言うのもなんですが）。

ともあれ、こうして少しずつ減っていったたれ流しのトイレ。それこそすべてを一夜にして改良できるようなものでもないので、赤字に埋もれながらも進めていったことは評価に値する。

1987（昭和62）年に国鉄からJR各社に移行してからも、しばらくたれ流しのトイレは残り、実際に走り続けた。同年の運輸省令では、タンクの設置有無は鉄道事業者の判断に委ねるとしている。この方針は国鉄時代と変わらないため、経営体制が変わったので改めて言いました、という程度に過ぎないのだが、新会社の経営を圧迫しない配慮も含まれていたのかもしれない。

JR時代になると、特急や都市部を走る短距離・中距離列車の多くは新製車両に置き換えられてゆく。それら新製車両にトイレを設置する場合は、もちろん最初からたれ流しではなくタンク式だ。それでも、1990年代後半になってもまだまだ北海道や山陰などのローカル線区では、たれ流しのトイレを載せた古い車両が走っていた。

1997（平成9）年度、JR旅客6社で約1400両のたれ流し車両があったという。具体例を出すと、JR西日本の因美線（鳥取〜津山）からたれ流しがなくなったのは1997年11月のこと。因美線の車内からトイレの臭気や汚物が流れてくるため、沿線の美容院はタオルを干す際に風向きを気にするほどだった。ウンコ・オシッコの垂れ流しは、想像以上に沿線の人々の暮らしにも影響を与えていたようだ。

そして、運輸省は2000年度を目標に、たれ流しを完全に廃止するよう各社に通知する。最後まで残っていたのは、JR北海道。2001年度末、JR北海道は残っていた20両の〃たれ流し車両〃にタンクを取り付けた。これで、完全にたれ流しのトイレは姿を消したのである。

鉄道が開業し、そこに誰もが使えるトイレが取り付けられてから、脱たれ流し達成までは、実に110年以上の歳月が流れていた。鉄道が開業して、2024年で152年。そのうち、3分の2以上の期間にわたって、ぼくらの電車も客車も気動車も、ウンコとオシッコをたれ流しながら走り続けていたのである。

これは、単に対策が遅すぎたというだけの話ではない。長い距離をあっという間に運んでくれる鉄道という近代のシンボルといっていい乗り物は、その快適性とは裏腹に、絶えずトイレ、ウンコ・オシッコと戦い続けてきたということなのだ。

だから、いま快適なトイレを列車の中で使うとき。まずは先人、たとえば非業の死を遂げた肥田浜五郎さん、はたまたトイレなき列車内でお漏らしの憂き目にあった鈴木文吉さん、彼らへの満腔の感謝を胸に抱いて、個室の扉を開けたいと思う。

第2章

列車の中のウンコのゆくえ

ためたままでは走れない

かつてはウンコとオシッコを線路にたれ流しながら走っていた日本の鉄道も、いまやすべての列車がタンクを積んで、そこにウンコとオシッコをためるようになった。

東京から大阪、はたまた九州から北海道まで走ることもある。繁忙期などは新幹線であっても通路まで鈴なりの満員だ。乗るお客が多ければ、それだけトイレも大忙し。たっぷりのウンコとオシッコを蓄えて走ることになる。

が、もちろんタンクの容量は無限ではない。人間もいつまでもウンコをしないでため込んでおくと大変なことになるのと同じで、鉄道車両も適切なタイミングで排泄……もとい汚物を抜き取らねばならない。お客が列車のトイレに駆け込んだら糞詰まりで逆流、なんてことになったら、笑うに笑えない。

そういうわけで、トイレを備える車両は定期的に車両基地に入ってそこで汚物の抜き取りを行なっている。いまではほぼすべての車両基地に抜き取りの地上設備が設けられており、それぞれ運行の合間に車両基地で汚物を抜き取ってスッキリしているのだ。

そんな車両基地のひとつが、東京都北区にある東京新幹線車両センターだ。

東京新幹線車両センターは、その名の通り新幹線の車両が集まる車両基地のひとつ。J

R東日本、つまり東北・上越・北陸・山形・秋田新幹線の車両が入ってくる基地だ。新幹線でいうなら上野駅と大宮駅の間、在来線ならば田端〜王子間。すぐ脇には尾久車両センターという在来線の車両基地も広がっていて、田端という町を〝鉄道の町〟たらしめている関連施設群のひとつである。

新幹線の車両は、この東京新幹線車両センターの中で、汚物を抜き取っている。

……と言われても、その作業がいったいどのようなものなのかはよくわからない。想像もつかない。そもそも、汚物を蓄えているタンクは床下にあるから、普通はタンク自体を目にすることだってないのだ。

昭和の昔はともかく、いまは令和のご時世だ。なんとなく想像するに、近代的で清潔で、端から見れば汚物を扱っているなどとは思えないようなハイテクなシステムが構築されているのだろうか。だって、天下のJR東日本、天下の新幹線ですからね。

などといくら妄想をたくましくしたところで、百聞は一見にしかず。実際の汚物抜き取り作業の現場を見学させてもらうことにした。

関東地区で新幹線の汚物抜き取りや清掃作業などを行なっているのは、JR東日本のグループ会社「JR東日本テクノハートTESSEI《テッセイ》」（以下TESSEI）だ。同社は東京駅や上野駅、また車両基地などにサービスセンターという事業所を置き、そこを拠点に作業を行なっている。

東京新幹線車両センター内にあるのは田端サービスセンターだ。車両基地の構内に設けられている3線の仕業検査線で、汚物の抜き取りはもちろん、トイレや客室内、また新幹線車両の〝顔〟であるボンネットの清掃などを行なっている。つまり、新幹線車両にとっての〝トイレ〟が車両基地の仕業検査線、というわけだ。

なお、車内清掃は車両基地だけでなく、列車がそのまま折り返す東京駅でも実施されている。ほんの数分間の折り返し時間であっという間に車内をピカピカに清掃する神ワザは、テレビ番組などでよく取りあげられており、見聞きしたことのある人も多いだろう。アレをやっているのが、TESSEIの従業員たちだ。ただし、汚物の抜き取り設備は駅にはなく、〝車両基地限定〟の作業だ。

前置きはこれくらいにして、実際に作業の様子を見させてもらおう。

検査線に車両が入っている時間は、おおよそ30分、長くても40分ほどだ。

車両の運用は、列車のダイヤや検査のスケジュールなどを踏まえて綿密に計画されているものだ。もちろんその中には、汚物の抜き取りや清水タンクへの給水も計算されている。

汚物がタンクに満タンになってしまってトイレが使えなくなったり、また清水タンクが空っぽになって水が流せなくなったり手が洗えなくなったりしてはマズイ。そのため、タンクが満タンになるまでには必ず汚物抜き取りの設備がある車両基地に入る運用計画になっているという。

そうした中で検査線に入ってくる車両の出庫時間は、全体のダイヤにもかかわってくるので、作業の遅延はわずかでも許されない。おおよそ30分という限られた時間の中で、車内の清掃から汚物の抜き取りまですべての作業を終わらせる。〝神ワザ〟は何も折り返しを急ぐ駅に限った話ではないということだ。

汚物抜き取りは1編成2人で

今回、汚物抜き取りの様子を取材させてもらったのは、北陸新幹線のE7系だ。車両形式によって、またその編成によっても微妙に異なるが、E7系のトイレは1・3・5・7・9・11・12号車に設けられている（1～9号車までは隣の偶数号車との間のデッキ、グリーン車とグランクラスの11・12号車も両者の間のデッキにある）。基本的にそれぞれ小便器・男女共用洋式トイレ・女性用洋式トイレがひとつずつと洗面所がふたつでワンセット。ただし、7号車には女性用洋式トイレの代わりに多機能トイレが入り、洗面所はひとつだけ。また、11・12号車には多機能トイレと小便器、女性用洋式トイレがひとつずつと洗面所がふたつという組み合わせになっている。そして、それぞれの床下に汚物タンクと清水タンクがある、というあんばいだ。

TESSEIの担当者は、「実は車両によって編成の長さやトイレの位置が微妙に異なってくる」と打ち明ける。JR東日本の新幹線車両は、東北・上越・北陸新幹線に加えて新在直通の山形・秋田新幹線を含めれば6形式。それらが行きつ戻りつやってくる。次にどの車両が入ってくるかは事前の計画でわかっているので、それに応じてスタッフは準備を整えているのだ。

「2024年の春から山形新幹線のE8系が新しく出てきましたが、従来の山形新幹線E3系とはトイレの位置が変わっていたり、車外設備は細かいところで実はけっこう違っているんです。なので、すべての車両の床下タンクの位置に合わせて汚物を抜き取るホースが設けられています。12両編成のE7系の場合は、1・3・5号車の担当と7・9・11・12号車の担当に分かれての作業。それぞれひとりずつで汚物の抜き取りと清水タンクへの補水といった作業を行なうことになります」(TESSEI担当者)

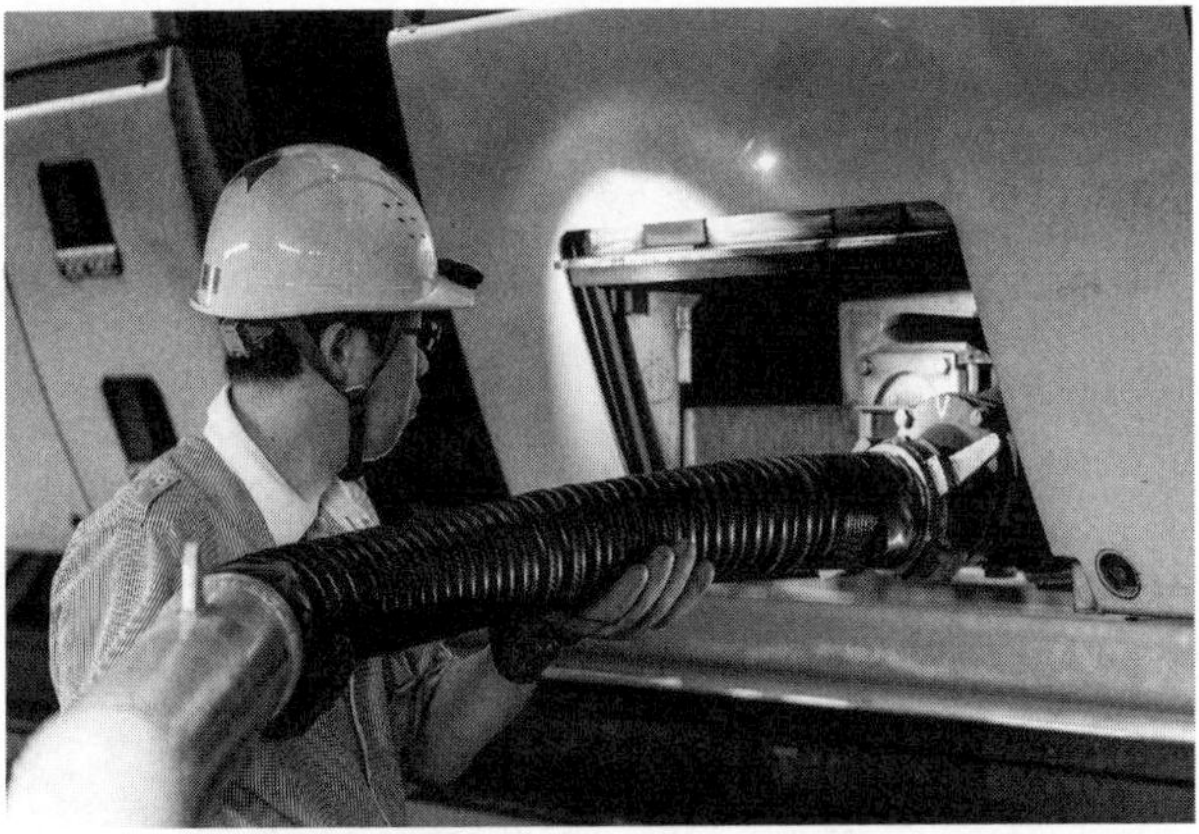

床下タンクから汚物を抜き取る。ホースに添える左手もポイント

こうした作業をすべて30分ほどで終わらせなければならない。

作業の流れはシンプルだ。

車両が停車すると、床下の汚物タンクのフタを開け、バルブにホースを取り付ける。そして、コックを捻《ひね》れば汚物が流れ出てくる。通常は30秒ほど、たまっている量が多いときには1分ほどで空っぽになるという。

汚物を抜き取れば、タンクの中を水で洗浄し、続けて清水タンクの給水作業に移る。清水タンクの水は便器の汚物を流すだけでなく、温水洗浄便座の水や洗面所での手洗水などにも使われる。だから、もちろんこちらも空っぽの状態で次の旅に出発させるわけにはいかない。

清水タンクには、給水のバルブの他に小さな計水バルブが取り付けられている。給水作業ではまずこのバルブを開けるところから。タンクの80％の容量まで水が入っていれば、検水コックから水が流れ出る。その場合は給水はせずにそのまま。出てこない場合は、検水コックから水が出てくるまで、つまりタンクの80％まで補水することになる。

ただし、鰻屋のタレのごとく清水タンクの水をいつまでも注ぎ足し注ぎ足し使い続けるわけにはいかない。そこで、仕業検査を伴う抜き取り作業時には、清水タンクの水をすべて排水して満タンになるまで給水している。

ともあれ、この汚物抜き取りと清水タンクの補水・給水が1カ所ワンセット。汚物の量などによっても変わるが、1カ所の作業には10分もかからない。

終わったらすぐに次のトイレの床下に移り、同じ作業を繰り返してゆく。新幹線のトイレはざっと2両間隔で設置されている。1両の長さが25メートルだから、1か所の抜き取りと給水・補水を終えたら50メートルは移動しなければならない。そこに自転車を使っているあたりは、長い車両での作業を効率よく進めるための工夫のひとつといったところだろうか。

そして、これを繰り返してすべての作業が完了、新幹線もスッキリサッパリするというわけだ。

この作業を見る限りでは、汚物を直接目にすることもなければ、ニオイを感じることもない。夏場や汚物の量が多いときにはいくらかニオイを感じることもあるというが、少なくとも作業員の安全性や衛生面にも問題はなさそうだ。

トイレにものを落としたら

汚物の抜き取り作業をしている様子を見ていると、作業員が片手を汚物排出のホースにあてがっていた。汚物が流れているホースを安定させるためか、それとも作業員の単なるクセか。そう思って尋ねてみると、ちゃんと理由があるという。

「タンクが詰まっていて汚物が出てこないことがあるんです。だから、こうして片手をあてて、汚物がちゃんと流れてきているかを確認しています」（ＴＥＳＳＥＩ担当者）

汚物タンクには内部の様子を確認できる小窓も設《しつら》えられてはいるものの、それだけですべてが確認できるわけではないようだ。そして、実際にタンク内におむつや下着などが詰まっていることもあるのだとか。

ＪＲ東日本が新幹線のトイレで採用している清水空圧式という方式は、便器の穴が比較的大きいのが特徴だ（ちなみに東海道新幹線は穴が小さい真空式）。なので、多少のものならタンクまで流すことができてしまう。

通常時はタンクから臭気があがってこないように便器の穴にはフタが設けられている。ただしこのフタ、非常時などに停電して水が流せなくなったときでもトイレが使用できるように、上から押されると（つまり何かが落ちると）フラップが落ちてフタが開く仕組みだ。

そのため、おむつや汚れた下着などを便器に放り込んでも、そのまま汚物タンクまで流れてしまう。ときにはそれがタンクから汚物を抜き取る際にひっかかってしまうことがある、というわけだ。

異物が詰まっていて汚物がタンクから出てこずに現場でも対処できないと、ＪＲ東日本に連絡、詰まりを除去する作業が加わることになる。もちろんその場合でも、車庫を出て行く時間を遅らせてもいいということにはならない。だからこそ、ひとつひとつの作業を効率的に進めていくことが肝要なのだ。

ちなみに、おむつや下着などがタンクまで流れてしまうということは、スマホや財布といった貴重品も同じだ。トイレを洗浄しなくても、誤ってスマホを便器に落とすと、その重みでフラッパーが開き、汚物タンクまで真っ逆さま。ウンコやオシッコの中にポチャンと落ちて、一巻の終わり。そうなってしまえば、もう二度と取り戻すことは不可能だ。

穴の小さい真空式を採用している東海道新幹線ならば、便器の中に引っかかって止まるのでタンクに落ちる心配はない。洗浄で使用する水も500㎖に満たない少量だから、水没もしない。ただ、いずれにしてもトイレに行くときは、落としものには要注意。そして、傍らに置いたスマホや財布をそのまま忘れてトイレから出る人も多いというから、忘れ物にも要注意、である。

同時進行で進むトイレの清掃

車両基地の仕業検査線で行なわれているのは、汚物の抜き取りだけではない。車内の清掃作業も同時並行で進んでいる。

車内の清掃作業には、座席などをはじめとする客室内も対象に含まれている。こちらはこちらで、「アイドルのコンサートがあるとキラキラした小さな紙吹雪みたいなのがたくさんついている」「芝生の上に座るような花火大会などのイベントのあとは、座席に芝生の切れ端が」などなど興味深い話を聞くことができたのだが、本書のテーマはあくまでもトイ

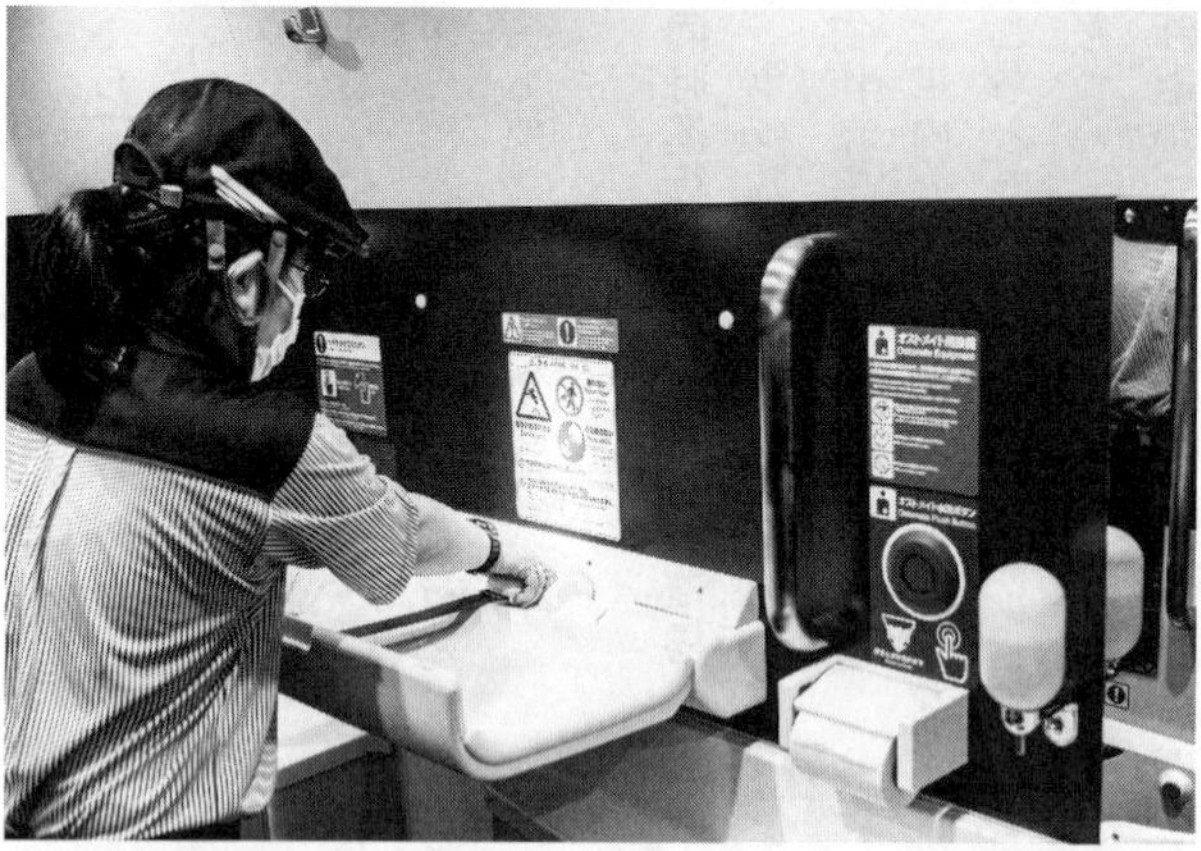

トイレの多機能化によって清掃箇所は増えているという

レなので、別の機会に。

トイレの清掃も、汚物抜き取りと同じく1編成を2名で行なう。担当分けがE7系では1・3・5号車と7・9・11・12号車に分かれているのもまったく変わらない。

床下の汚物抜き取り作業と車内で行なうトイレ清掃は互いに影響することはないので、仕業検査線に車両が入ってくると同時にトイレ清掃もスタートする。

トイレ清掃は基本的には家庭のトイレとほとんど同じだ。

トイレ内のゴミ箱や汚物入れの回収にはじまり、トイレットペーパーや便座クリーナーなど消耗品の補充、そして便器の擦り洗いに拭き上げ、鏡や扉、壁、床などももちろんピカピカに拭き上げる。女性用トイレや多機能トイレに付いているベビーベッドやベビーチェア、フィッティングボード、またオストメイトといった設備も丁寧に清掃する。洗面所では、ハンドソープの補充も作業のひとつ。小便器はどうしても床部分にオシッコが飛び散って嫌なニオイの原因になるので、奇数日には消臭剤の散布も行なっている。

と、こうして言葉にするとそれほど難しいこともなさそうだ。ただし、この新幹線のトイレ清掃にも時間制限がある。のんびり清掃するなら誰でもできそうな作業でも、小便器とふたつの洋式トイレ、洗面所のワンセットを10分ほどで終わらせなければならないのだから、なかなかハードな仕事と言っていい。

ベテランの作業員に話を聞くと、「拭く作業は拭く作業、補充は補充など、同じ作業をまとめて片付けていくことを意識しています」と教えてくれた。清掃用具やゴミ袋など交換する消耗品をどこに置くかといったところまで、ひとりひとりが考えて効率的な方法を見つけているという。実際、作業員たちの動きはまさに流れるようでまったくムダがない。

「サービスセンター内には訓練用のトイレもありまして、そこで練習を重ねています。トイレ内はスペースが狭いので、体を捻ったときにどこかをぶつけて怪我をしてしまわないように、というのは注意するところです」（ＴＥＳＳＥＩ担当者）

近年では多機能トイレを中心に清掃する場所が増えているという。いかに効率的に、かつ確実に清掃するかという難易度は年々高くなっていると言っていい。

「そのために、清掃担当者の人がどの辺の汚れがヒドイのかをまとめた図を作って、これを共有、清掃の効率をあげるような工夫もしています。経験豊富なベテランもいれば、最近入ったばかりの人もいるので、チームワークで情報や経験を共有しながら、限られた時間の中でやっていますね」（TESSEI担当者）

繁忙期の夜、新幹線のトイレは……

新幹線が営業運転をしている時間帯は朝6時から日付が変わる0時まで。もちろんその間は、車両が絶え間なく基地を出入りする。さらに営業運転をしていない時間帯でも、朝からの営業に備えた準備が続く。だから、田端サービスセンターのTESSEIの従業員たちも、おおむね24時間体制だ。8〜16時、14〜22時、22〜6時の三交代の勤務体制になっている。

興味深いことに、トイレの汚れひとつとっても時間帯によって大きな違いがあるという。汚れがヒドイのは、想像通り週末や繁忙期の夜。お酒を飲んで新幹線に乗り込む人も多くなり、トイレの中に嘔吐物がある、なんてことも珍しくないという。ベテラン作業員が直面したエピソードを聞いてみると……。

「トイレの中に入ったら、壁一面が真っ赤だったことがありました。最初はびっくりするじゃないですか。もしも血だったらただごとじゃない。実際には赤ワインがぶちまけられていただけだったんですが……」（ＴＥＳＳＥＩ担当者）

血でなかったのはまだ良かったが、トイレの中に赤ワインをぶちまけるとんでもない輩がいるということが衝撃的だ。いったい誰が、何の目的で……。が、驚くのはまだ早い。

「便座カバーの裏側に、ビッシリと詰まっていたんです。アレが。どう考えても、ワザとですよね。ムリヤリどうにか詰めたんだと思います。拭いても拭いても奥から奥からアレが出てきて……。スキマに入り込んだものを除去するのが大変で。ニオイもきついですから、消臭剤もたくさん使うんですけど、それでもなかなか……」（ＴＥＳＳＥＩ担当者）

つまり、何者かがウンコをわざわざ便座カバーに塗りたくった、ということだ。さすがに便座カバーにビッシリという例は稀でも、床や壁にべっとりは日常茶飯事らしい。そんな状態のトイレをキレイにしてくれている作業員のみなさんには頭があがらない。

そして、それと同時にそんな奇行に及んでいる人が、客室では平然と座席に座っているのかも、などと考えたら、そこらへんのホラー映画よりもよっぽど怖い。

「トイレがどんな状況なのかは、入ってみないとわからないんですよね。でも、扉を開けて入ったらニオイとかで『ヘンだな』とは気がつきますよ。そういうときは携帯している無線機で連絡し、応援を呼びます。いくら時間をかけてもいいなら別ですが、私たちの仕事は時間が決まっているので、これはひとりではムリだなと思ったらすぐに連絡するようにしています」（ＴＥＳＳＥＩ担当者）

運行中に車掌が車内点検で発見することもある。その場合は、トイレを使用停止にして事前に車両基地のサービスセンターにも連絡が入るという。

「あとは長い距離を走ってきた列車ほど、当たり前ですが汚れがひどくなってきます。２０２４年３月に北陸新幹線が敦賀まで延伸しまして、ゴールデンウィークはなかなかでした。東京〜敦賀間を往復してきて夜にここに戻ってきた車両になると、どうしても汚れがたまってきますから」（ＴＥＳＳＥＩ担当者）

清掃や汚物の抜き取りを担うスタッフにとって、いちばん過酷なのは夏場だという。真夏になると、車庫の中は35〜40℃くらいまで気温が上がる。新幹線車両は床下から車内の熱が排気されるので、汚物抜き取り作業はかなりの熱風を浴びながらの作業になるのだ。

当然、熱中症のリスクも高まる。

車内の清掃作業でも、取材時にはトイレのニオイを感じることはなかった。換気設備が稼働していたからだ。仕業検査やボンネット清掃などを同時に行なう場合は、パンタグラフを下ろして架線からの給電を停止する。そうなると、車内の照明から空調、換気もすべてストップ。トイレの中にはじわりと嫌なニオイが漂ってくるのだとか。

列車のダイヤが乱れたときも大変だ。計画された車両が予定通り入ってこなくなったり、予定外の時間に急遽作業が発生したり。ＴＥＳＳＥＩのサービスセンターでは事前の計画に基づいて準備を整えているため、ダイヤが乱れると作業スケジュールや人材配置がすべて狂ってしまうのだ。

それでも、汚物タンクが満タンのまま走るわけにはいかない。車両運用だけを考えればこのまま新函館北斗まで走らせたいところでも、汚物の抜き取りをしなければ、といったことも発生する。もちろんＴＥＳＳＥＩのサービスセンターはこうした事態にも臨機応変に対応しなければならないのだ。

……と、こうして話を聞けば、実に過酷な環境の中で、ぼくらが日々使っている「快適な新幹線のトイレ」が実現しているということがよくわかる。やっぱり、トイレはキレイに使わなければいけませんね……。

「でも、基本的にはトイレはキレイですよ。インバウンドが増えていても、汚れが悪化したというようなこともありません。みなさん、楽しみに列車に乗られていますので。それに、最近は新型車両の設計段階でも我々現場の声を聞いてくれるようになっているんです。ゴミ箱のサイズひとつとっても、少し違うだけで同じゴミ袋が使えなくなるとか、そういう問題が出てくる。効率が大事な作業ですから、設計でそのあたりまで配慮してくれるのはだいぶ助かります」（ＴＥＳＳＥＩ担当者）

列車トイレの最先端

２０２４年時点で、新幹線、つまり日本の最高峰の鉄道車両に載っているトイレは、主にふたつの方式に分かれる。

ひとつは、ＴＥＳＳＥＩの作業の様子を見させてもらったＪＲ東日本車両で主に使われる、清水空圧式という方式。簡単に言えば、少量の高圧洗浄水を噴射することで便器内の汚物を洗浄する方法だ。

もうひとつは、東海道・山陽新幹線などで採用されている真空式だ。タンク内を真空にし、便器とタンクの間にある弁を開くことで、気圧差を利用して一気に汚物をタンクに押し流す。以前はJR東日本の新幹線車両でも真空式を採用していたが、2001年に運用を開始したE2系1000番台から清水空圧式に統一されている。

どちらも、キモは「いかに少ない水で流すか」だ。

というのも、鉄道車両は床下も屋根上もスペースに限りがあり、たっぷりと洗浄水を蓄えておくことができないからだ。もちろん、洗い流した汚物を蓄えるタンクにも容量の限界がある。

これが古くからの〝たれ流し〟つまり開放式という方式をなかなか撤廃できなかった理由であり、いまでも鉄道のトイレの大きなテーマであり続けている。

一方で、一般家庭などで使われている普通のトイレは、豊富な水を使って汚物を流すしくみだ。水洗トイレが世の中に普及しはじめた当初は、なんと一度の洗浄で20ℓもの水を使っていた。

技術の進歩に伴って使用する水の量は年々減少してきた。便器の素材や水が流れやすい形状の開発、水の流し方（いまでは渦を巻く〝トルネード形〟が最先端だとか）の工夫によって節水が進んでいる。1990年代には一度の洗浄で使う水の量は10ℓ以下になり、現在の最新のトイレでは4ℓに満たない水量で洗浄できるという。けれど、一般的なトイレがいかに大幅な節水を実現したとはいえ、そのまま鉄道車両に使えるレベルにはほど遠い。

現在、鉄道車両で使われている真空式や清水空圧式のトイレ、一度の洗浄で使う水の量は、なんと500mℓに満たないという。一般家庭の最新トイレのなんと10分の1。それだけ少ない水で洗浄することができる。この技術を確立したからこそ、列車の中でも快適にトイレを使うことができるのだ。

長年、鉄道車両のトイレ開発・製造を担い、真空式を世に送り出した五光製作所の担当者は、「いかに使う水を少なくするかという究極の戦い」と話す。

長らく、一度の洗浄での使用量を500mℓ以下にすることが大きな目標だったという。1回500mℓ以下ならば、単純計算で500ℓの清水タンクで1000回以上の洗浄ができるということになる。汚物タンクも必要なのでそれほど話は単純ではないが、1000回もトイレが使えるならば、よほどの長距離を走っても安心だ。つまり、真空式や清水空圧式といった最新の方式を採用している車両ならば、トイレが使えなくなることはほぼないと言っていい。

帯広市内に保存されているキハ22形。床下に汚物管が伸びている
写真提供＝帯広市観光交流課

　では、こうした安心快適のトイレは、どのように実現したのだろうか。列車トイレの進化をひもといてみたい。

"ためるだけ"からのはじまり

　ウンコとオシッコをたれ流すだけの開放式汚物処理装置。長年、日本の（というか世界中の）鉄道のトイレの基本システムだったこの方式は、1960年前後からようやく姿を消しはじめる。

　1959（昭和34）年に小田急電鉄からはじめて汚物タンクを積んだ車両が登場し、同時期には汚物を粉々にして殺菌・脱臭の上で車外に放出する「粉砕式汚物処理」という方式が現れた。このことは、第1章でもすでに触れた通りだ。

そして、1964(昭和39)年10月に営業を開始した夢の超特急・東海道新幹線。ここで採用されたのは、特急「こだま」などで前例のあった粉砕式ではなく、タンクに汚物をためて車外には一切放出しないタンク式、「貯留式汚物処理装置」と呼ばれるものだった。

新幹線は開業時から時速210㎞で運転されている。いままでにない、当時世界最速だ。そんな高速で走る列車が汚物をたれ流したらそれだけ飛散範囲も広くなり、影響は甚大だ。そこで、はじめて本格的に汚物をタンクにためて走る方式が選ばれた。

その時代、汚物をすべてタンクにためる鉄道車両は世界広しと言えども日本の新幹線くらい。夢の超特急は、そのスピードだけでなく、トイレだって夢のトイレだったのだ。

「貯留式汚物処理装置」の構造は、極めてシンプルだ。床下に汚物と洗浄水を収容するタンクを設置、ただひたすらそこにためていくだけというシロモノだ。だから、可動部もなければ交換が必要な消耗品もない。ある意味では、最も理想的な汚物処理方式と言っていい。

ただ問題はタンクの容量である。当然のことながら、タンクの容量がいっぱいになればトイレは使えない。いまでこそ東京～新大阪間は2時間30分ほどで移動できるが、開業当時は「ひかり」が約4時間。スピードアップして1965年秋からは3時間10分に短縮されたが、この間トイレをガマンしろと言われると、ちょっとキツい。列車内には飲食のできるビュフェまであるからなおのこと。だから、ある程度タンク容量には余裕がなければならない。

開業前には必要なタンク容量を調査するテストが行なわれている。

具体的には、特急「こだま」151系に試験的にタンクを取り付け、新幹線の東京～新大阪間の所要時間に相当する東京～名古屋間1往復での使用状況を調査した。また、開業直前の1964年8月には、メディア関係者や中央鉄道学園の生徒などを乗せた試運転列車でも、本番さながらのテストを実施している。トイレの使用回数を正の字で数え、1往復走り終えたらタンクにどこまで汚物がたまっているかを確認する試験だ。

その結果、生徒たち210名が乗った3・4号車の間にあるトイレでは、小便器の使用回数が下り278回・上り311回、大便器は下り17回・上り18回だった。メディア関係者に加えて国鉄幹部を含めて124名が乗車した7・8号車（グリーン車）の間のトイレは小便器が下り79回・上り176回、大便器が下り2回・上り4回となった。1往復後のタンク貯留量は、前者が約600ℓ、後者が約840ℓだ。

使用頻度が少ないオトナのトイレの方が貯留量が多いというのはなぜだろうという疑問

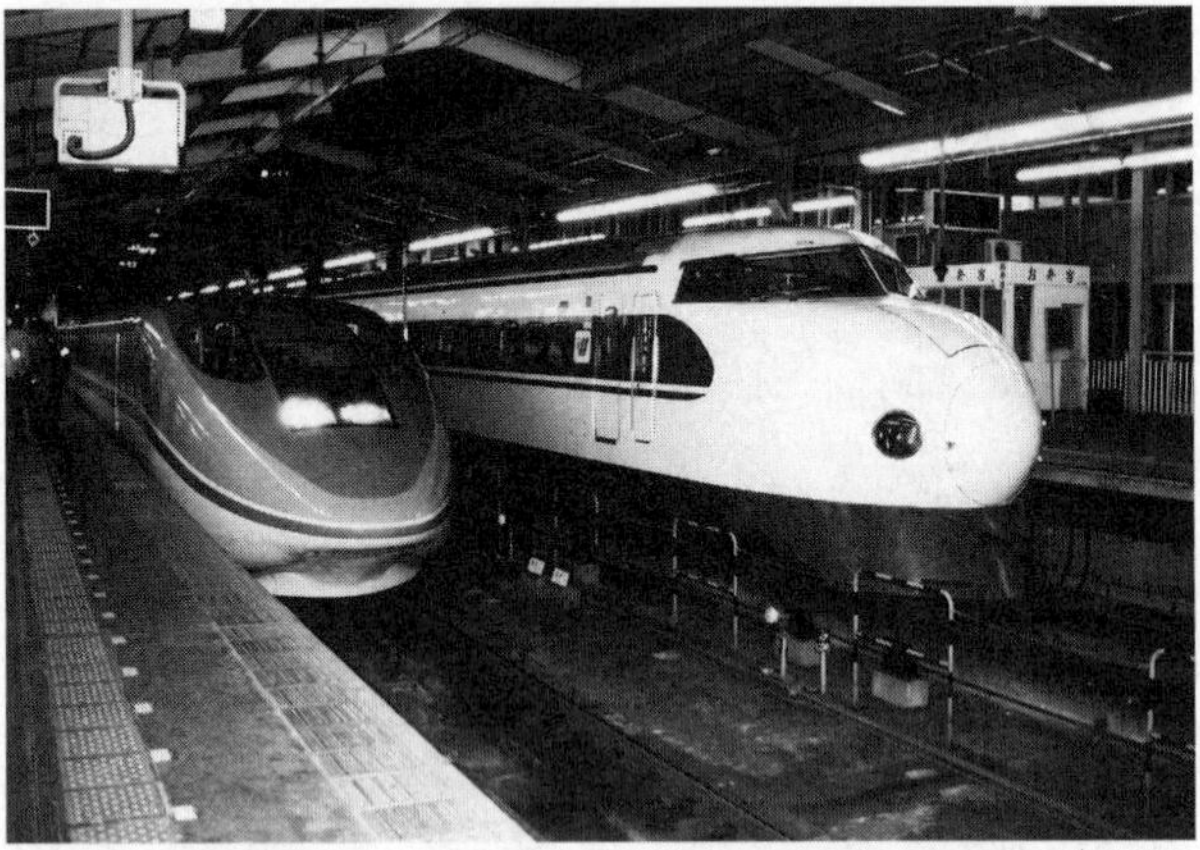

タンク式の0系新幹線は、鉄道のトイレにとっても画期的な車両だ

も生じるが、それはともかく、新幹線が東京〜新大阪間を1往復するには、少なくとも１０００ℓ近い汚物タンクが必要になるという結果であった。最終的に０系新幹線電車に取り付けられたタンクの容量は、１１００ℓである。

また、この試運転にあわせて、地上設備での排水テストも行なわれている。

地上設備は、東京方では品川車両基地、大阪方では鳥飼車両基地に設けられた。鴨宮のモデル基地での試行を繰り返し、大阪幹線工事局によって完成した地上設備は、ひとりで作業可能で汚物の悪臭が漏れにくい構造のものが採用されている。この構造は、現在まで基本的に変わっていない。

なお、東京の品川車両基地では近隣の芝浦に下水処理施設があったため、タンクから抜き取ってそのまま処理場に放流。大阪では用水路に放流したため、基地内に汚物処理施設が設けられている。

こうしてたび重なるテストのもとで生まれた新幹線の貯留式汚物処理装置。実によくできた、たれ流し解決策のように思えた。しかし、やはりタンクの容量が問題であった。東京～新大阪間を1往復するだけで、汚物タンクは満タンになる。そのまま次の営業運転に入ることはできない。だから、1往復走ったら車両基地に入ってタンクを空にする。どうにも効率がよろしくない。増発しようにも、タンク問題が立ちはだかる。

加えて、東海道新幹線の開業直後から、山陽新幹線建設に向けた動きが具体化していた。山陽新幹線の前提には、東海道新幹線との直通運転がある。そうなれば、東京～岡山間、ゆくゆくは東京～博多間の往復運転が視野に入る。

そのとき、東京～新大阪間を1往復するだけでタンクが満タンになっていては、とうてい対応しきれない。タンクが満タンになってトイレが溢れかえって阿鼻叫喚。何もしなければ、そんな事態もあり得ないとは言えなかった。貯留式に変わる、新たな方式の登場が求められていたのだ。

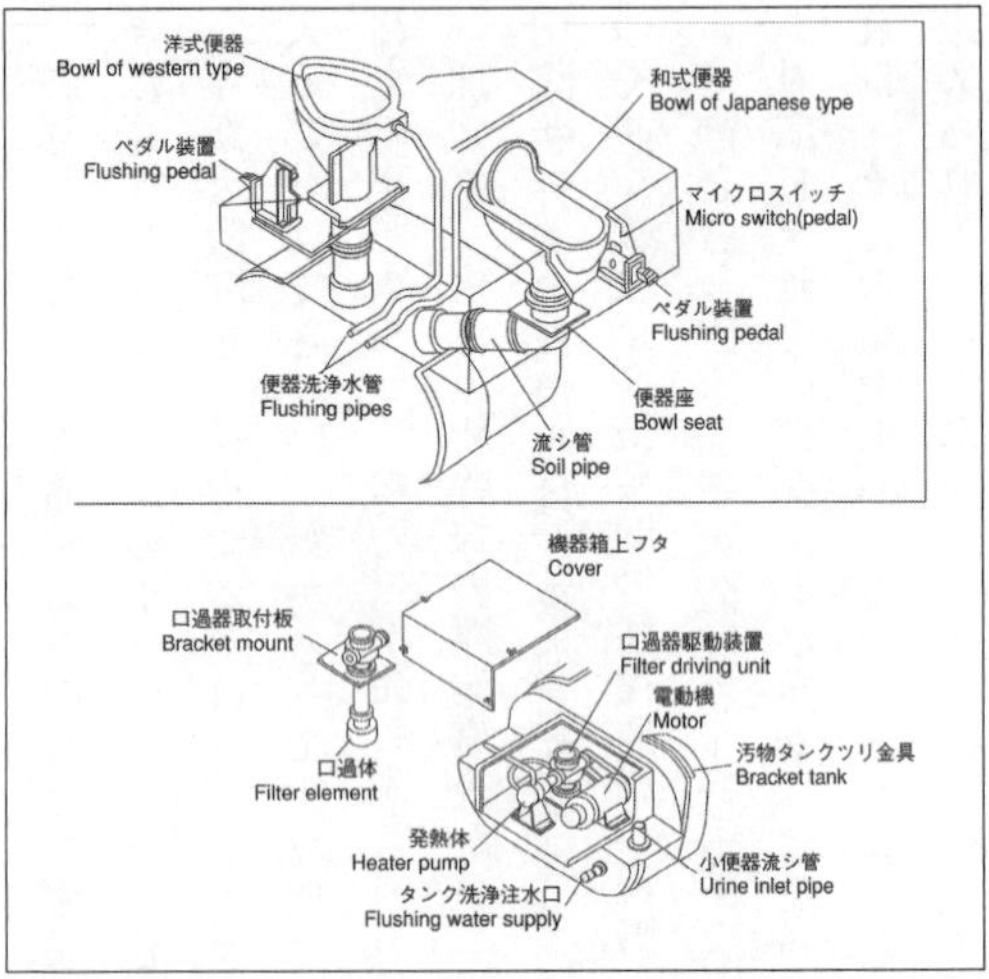

循環式のイメージ。濾過して水分を再利用する
資料提供＝五光製作所

第一の革命――循環式の登場

貯留式汚物処理装置は、新幹線では1964年の0系1次車から1967（昭和42）年に製造された6次車まで搭載されていた。そして、それと入れ替わるようにして1968（昭和43）年製造の7次車から搭載されたのが、「循環式汚物処理装置」である。

循環式汚物処理装置は、水を流して汚物をタンクにためるところまでは貯留式と変わらない。違うのは、便器の洗浄に使う水を再利用する、という点にある。

最初は汚物タンクに清水を蓄え、使用前には消毒用の薬剤を投入。便器を洗浄すると薬剤入りの洗浄水とともに汚物が流れる。タンクでは固形物と水分が分離され、水分だけがポンプでくみ上げられて再び便器の洗浄水として何度も回ってゆく。薬剤によって消毒されているので、排泄したウンコやオシッコを便器から流すのに使う分には充分、というわけだ（もちろん手洗水には使われない）。

この方式ならば、洗浄水を繰り返し使うことができるため、タンクの容量が小さくても貯留式に比べて使用回数を増やすことが可能だ。１往復で満タンになっていた貯留式と比べれば、遥かに効率的に列車のトイレを運用できる。画期的、革命的と言ってもいい処理方式であった。

循環式汚物処理装置を武器に〝列車トイレ〟の世界に参入したのが、現在も真空式など最先端の汚物処理装置を製造している五光製作所だ。

同社が循環式の開発に成功したきっかけは、実は鉄道ではなくバスだったという。

もともと同社はバスの車体部品を製造していた。１９６０年代半ば、新幹線とともに高速道路網の整備も進み、それとともに長距離を運行する高速バスが登場した。国鉄が東名・名神高速道路を走って東京と大阪を連絡するバスの運行をはじめたのだ。

バスも長距離を走るなら、トイレがあったほうがいいことは間違いない。サービスエリアでの休憩で用を足すこともできるが、急なピンチには対応できない。逃げ場のない高速道路のバスの中で誰かがウンコを漏らしたら、とんでもないことになりますからね。

そういうわけで、五光製作所はバスに搭載するための循環式トイレを開発する。バスは鉄道車両以上にタンク容量などの制限が厳しく、それをクリアするために生み出したアイデアだったという。

便器洗浄に豊富な水を使うことができ、タンク容量の問題も解決できる。そんな革命的な循環式汚物処理装置は、1960年代後半から社会問題化していた黄害解決の切り札になる——。そんな期待込みで、新幹線のみならず在来線のトイレにも採用されていった。少なくとも国鉄時代にあっては、列車のタンク付きトイレといったら循環式。それくらいに一世を風靡した方式だった。東海道・山陽新幹線の直通運転も、循環式汚物処理装置があったから実現したと言ってもいいくらいだ。

国鉄の新幹線、特急、普通列車、さらには私鉄の特急。あらゆるトイレが循環式に。あまりに多くの車両に搭載されたから、いまでも循環式のトイレは現役だ。見分け方は、用を足したあとに便器を洗浄すると流れてくる水の色だ。ブルーに着色された水が流れてくるトイレを使ったことはないだろうか。消毒の薬剤によって着色された青い水。これこそが循環式の特徴のひとつだ。

循環式によってタンク容量の問題が解消され、長くて三日ほどは抜き取りをせずに走ることができるようになったという。もちろん現実的にはウンコを三日もため込むのは不衛生だし、洗浄水も繰り返し使い続けるとどうしてもニオイがキツくなる。また、使用初期の比較的キレイな洗浄水でも、薬剤のニオイが強く、それを嫌がる人も少なくなかったようだ。

こうしたいくつかのデメリットもあるにせよ、たれ流しを解消し、タンク容量の問題までも解決に導いた功績と比べれば、取るに足らないレベルだ。1970年代から真空式や清水空圧式が登場する2000年頃までは、循環式が覇権を握った一時代。〃パクス循環式〃といったところだろうか。

一部で導入が進んだカセット式

それでも、より効率的で衛生的な汚物処理の方法をめぐって、試行錯誤は続いていた。

1979（昭和54）年には、浄化排水方式が登場する。〃カセット式〃とも呼ばれる方式だ。循環式という切り札を手にしたにもかかわらず、思うように導入が進まなかった背景には、地上設備の整備が難航したことにあった。その点、カセット式ならば地上設備がなく

カセット式で汚物をためるカセット。いわば使い捨てのタンクだ

てもトイレを設置することができる。

カセット式のしくみはこうだ。

便器を洗浄すると、汚物は床下の処理装置の中で濾過装置によって水分と固形物に分離される。水分は薬剤で消毒し、駅などでの停車時に線路上に排水。汚物はそのまま処理装置内のカセットに蓄えられる。そして、固形物だけがたまったカセットを新しい空っぽのカセットと交換すればＯＫだ。使用済みのカセットはまとめて焼却処分される。

つまり、汚物の抜き取りはカセットの交換だけ、ということになる。そのため、車両基地でも汚物抜き取りの地上設備がない留置線などでも対応できるし、床下での作業ができる環境さえ整えれば、駅でのカセット交換も可能だ。

こうしたメリットから、西日本の在来線を中心に、地上設備が未整備だがトイレ設置の必要性が高い路線の車両などで導入が進んでいった。

現在ではほとんどの車両基地に地上設備ができており、新たに導入されることはなくなった。ＪＲ西日本２２１系など一部に残っているだけだ。汚物のたまったカセットは相当な重量になり、交換作業が重労働になること、直接ではないにしろ汚物に触れる作業を伴うことなどが難点。消耗品であるカセットの確保も難しくなっているという。

２０００年代には、新たに燃焼式や生物処理式といった処理方法も登場している。

燃焼式汚物処理装置は、文字通りタンクにたまった排泄物を燃焼・蒸発させて処理する方法だ。固形物を燃焼させるので灰が残るが、量がわずかなので線路上に廃棄すれば済む。つまり、カセット式同様に地上設備が不要というメリットを持っている。

しかし、汚物を燃やすとどうしても強烈な悪臭が発生する。悪臭を放ちながら走り続けるわけにもいかないので、当然強力な脱臭装置を取り付けなければならない。また、排泄物は洗浄水やオシッコといった水分が大半で、それらを蒸発させるには相当な時間がかかるという欠点もあった。そもそもいくら不燃性の素材が使われているとはいえ、車両でモノを燃やすのはどうなのか、という問題もある。

2000年から2008年にかけて実証実験が行なわれたが、普及することはなかった。

もうひとつの生物処理式汚物処理装置は、文字通り汚物を微生物の力によって分解して処理する方法だ。具体的には、タンクの中におが屑かそれに類する素材を投入し、攪拌《かくはん》して分解処理をする。こちらも車外に汚水をたれ流すことなく、大がかりな地上設備も不要。環境に優しい処理ができるというメリットを持つ。

1990年代には先行してJR東日本がバクテリアを使った「バイオトイレ」の開発を手がけたり、2009年にはJR北海道が観光列車「流氷ノロッコ号」で実証実験を行なったりと、実用化に向けた努力が続けられた。

しかし、どうしても処理に時間がかかりすぎるため、本格的な実用化には至らなかった。

燃焼式も生物処理式も、列車内で排泄された汚物を列車内で処理しようという試みだ。これが実現すればいわば自己完結型で環境への配慮も評価されることになるだろう。今後も同様の発想の処理装置が試されることがあるかもしれない。

第二の革命——真空式と清水空圧式の登場

そして、ついに第二の革命が起こる。真空式と清水空圧式の登場である。

真空式は、もともとドイツのＥＶＡＣ《エバック》社が開発した乗り物用トイレの方式で、五光製作所が同社と技術提供を交わしたことから日本国内での導入が進んだ。

真空式は、タンク内を真空にすることによって、空気圧の差で便器内の汚物を少量の洗浄水とともにタンク内に送り込む。便器洗浄ボタンを押すとシュー、コッという音がする、お笑い芸人・中川家礼二のモノマネでもおなじみのトイレが、真空式だ。

「シュー」という音でタンク内が真空になり、わずかな間を置いてタンクと便器を隔てる弁が開き、「コッ」という音と同時に汚物が瞬く間にタンク内に消えてゆく。わずかな水で便器を洗浄し、汚物を流すことができるという、極めて大きなメリットを持っている方式だ。タンクと便器の間には真空を保持するための弁が設けられており、それが臭気の上昇を防ぐ効果も発揮している。

真空式汚物処理装置をいちばん最初に採用した例は、１９９２年に営業運転を開始したＪＲ九州の特急「つばめ」７８７系だ。ＪＲ九州は比較的早期からトイレをはじめとする車両の快適化に力を注いでおり、真空式トイレの採用もそうした取り組みのひとつだった

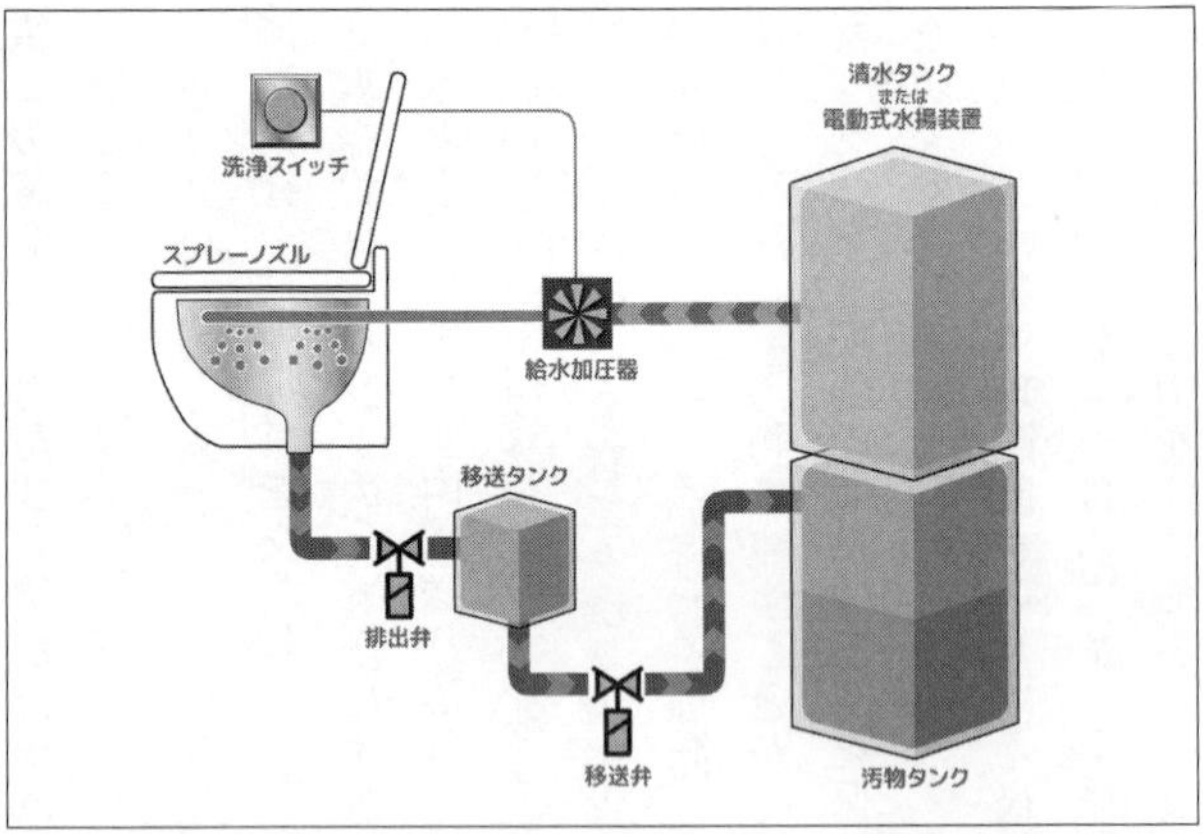

真空式のイメージ。移送タンクを真空にする　資料提供＝五光製作所

のだろう。

最初期の真空式トイレは、床下の大型汚物タンクをそのまままるごと真空にしていた。ひとつのタンクで複数の便器をまかなえるため、全個室に専用トイレと洗面所を完備していた寝台

新幹線でおなじみ、現在製造中の真空式便器
写真提供＝五光製作所

JR九州の787系。真空式や洋式トイレ・女性専用トイレを採用した

特急列車「カシオペア」などでも採用されている。

しかし、この方式ではどこかひとつのトイレが使われて床下の汚物タンクが真空になると、他のトイレでは洗浄ができないという弱点があった。大型の汚物タンクごと真空にするため、一定の時間を要するのがその理由だ。それでは、新幹線のように使用頻度の多いトイレでそのまま使うことは難しい。

そこで、汚物タンクと便器の間にやや小さめの中継移送タンクを設ける方法が編み出される。便器から中継タンクに汚物を吸引、中継タンクにある程度汚物がたまったら、大型の〝最終〟汚物タンクに移送するというあんばいである。この方法は、ＪＲ西日本が開発した新幹線500系などで採用されている。

ただ、この方法でも中継タンクを真空にするのに一定の時間を要するという弱点は変わらなかった。デッキにふたつある個室トイレのうち、どちらかひとつで誰かがウンコを流していると、もうひとつのトイレはしばらく待たされてしまうのだ。また、どこかの便器で詰まりが発生すると、同じ中継タンクを共有しているトイレすべてで水を流せなくなってしまうという問題もあった。

そこで、さらなる改良が施され、開発されたのが小型移送タンク真空圧送方式だ。

この方式は、ひとつの便器にひとつの小型タンクを設けて中継することで、複数の便器で同時に水を流すことを可能にした。五光製作所によると、開発当初の小型タンクの容量は約7ℓ、現在では5ℓにまで小さくなっているという。

真空状態をつくるために必要な時間は15〜30秒ほど。これならば、立て続けにトイレを流すようなことになっても待ち時間のストレスを感じることはほとんどない。たとえば、ウンコを出し尽くしたと思ったけれど出残りがあって、それを続けて流したい、といったときでも安心である。

小型移送タンク真空圧送方式は、1997（平成9）年に営業運転を開始した東北新幹線E2系、また1999（平成11）年運用開始の東海道・山陽新幹線700系などに採用された。便器と移送タンク、汚物タンク、清水タンクや配管、制御装置などがすべて一体となったユニットタイプで製造されており、現在では床下に余裕がない場合に車両内部にタンクごと取り付けられるものもできている。

洗浄に使用する水は、多くても500㎖。つまり、ペットボトル1本もあれば、たっぷり出した汚物も空気の力と少量の水で流してくれるというわけだ。もちろん、便器の構造や素材の研究が進んだことも見逃してはならない。

真空式とほぼ同時期に、輸送機器部品を製造し、粉砕式汚物処理装置などを開発した実績を持つ、輸送機器メーカーの株式会社テシカによって生み出されたのが清水空圧式だ。こちらは重力と水圧によって少量の水で便器を洗浄する方法。言葉にすればたやすいが、汚物がこびりつかないよう表面を加工した便器に高圧の洗浄水を噴射。その勢いで汚物を自然落下でタンクまで流すものだ。300系新幹線などはこの方式が採用されている。

清水空圧式が登場した時期には、まだ真空式は小型タンク真空圧送方式までは到達していなかった。真空状態を必要としない清水空圧式は、もちろん同時に複数のトイレで水を流そうとしても問題は生じない。その点もあって、当時の新型車両に盛んに採用されている。

特に、JR東日本では、2001年投入のE2系1000番台以降は真空式から清水空圧式に変更、現在まで続いている。

真空式や清水空圧式は少量の新しくキレイな水で汚物を流すことができるという、これまでの列車トイレの悩みをすべて一掃するかのような方式なのである。循環式に次ぐ、第二の革命と言っていい。

ちなみに、飛行機も現在では真空式とよく似たシステムを採用している。飛行機の場合は人工的に真空を作らなくても、機内と機外の気圧差を利用することができる。バキューム式と呼ばれ、トイレの汚物を一気に機体後方の汚物タンクに圧送する。飛行機にしろ新幹線にしろ、乗り物のトイレは究極の節水トイレなのだ。

鉄道のトイレ問題は「水問題」

列車トイレの進化の歴史は、「いかに洗浄水の使用量を少なくするか」という一点に頭を悩ませてきた歴史そのものである。

列車の中でウンコやオシッコをして水を流す。当然、ウンコよりもオシッコの方が多い。だから、オシッコと洗浄水を合わせれば、相当量の水分がタンクにたまることになる。お客の排泄するウンコとオシッコの量を減らすことはできないから、洗浄する水の量を減らしていくしか方法はない。実際には、排泄したウンコとオシッコよりも、はるかに洗浄水の方が多いのだ。

屋根上も床下も、鉄道車両には実に多くの機器が搭載されているから、清水タンクも汚物タンクもその容量には自ずと限界がある。家庭のトイレのように一度に10ℓもの水を流すことは不可能だ。そのため、長くたれ流し方式が続いてきたし、容易にそれを廃止できなかったのである。

こうした問題を解決に導いたのが、ひとつに循環式であり、次いで真空式や清水空圧式であった。

使用する洗浄水の量の大幅節減が実現したことで、温水洗浄便座を列車内で使用することが可能になったし、シャワールームを備えた寝台列車も可能になっている。食事を提供する観光列車が近年とみに増えているが、それもトイレに使う洗浄水が減り、その分の清水を他に回すことができるようになったから、という側面もあるだろう。

いまでも床下の機器配置は、きわどいせめぎ合いの場だ。新車両設計のたびに場所の奪い合いになるという。最近では蓄電池電車やハイブリッド車も登場しているが、こうした車両は床下の余裕がほとんどない。古い方法ならば、こうした車両にトイレを取り付けることはできなかっただろう。究極の節水によってタンクの小型化を実現したいまでは、床下ではなく車内にタンクまで搭載するトイレも登場している。長距離・長時間走行を前提とする特急・新幹線ならともかく、在来線の普通列車ならば、こうしたタイプでも充分に役割を果たす。

このように、真空式や清水空圧式の登場によって究極の節水トイレが実現したいま、車両ごとの事情に応じたトイレの設置も可能になってきている。たれ流しを続けて黄害問題で苦悩していたのもいまは昔。東海道新幹線開業前の試運転で、正の字を書きながらトイレの使用頻度を調べたというのも、いまからすると滑稽にすら思えるエピソード。それもこれも、技術革新あってこそ、なのである。

ここまで見てきたのはすべて大便器のお話である。小便器はどうなっているのかと気になる向きもあろうと思うので、少しだけ触れておきたい。

列車トイレの小便器は、基本的に重力による自然落下に任せた洗浄方式を採用している例がほとんどだ。そのため、わずかながら大便器よりも小便器の方が一回の洗浄で使用する水の量が多いという。

かつては節水のために小便器でも循環式を採用した例がある。ＪＲ東日本のＥ２系やＥ３系がそれだ。しかし、洗浄水の節約はできてもそれを繰り返し利用する循環式ではどうしても臭気がキツくなる。終わったら洗浄してすぐにその場を離れる大便器ならともかく、小便器は洗浄水が目の前を流れるのだ。なおのこと、ニオイが気になることもあろう。

そこで、ＪＲ東日本でも清水を落下させるシステムに変更し、現在まで続いているという。その際、メーカー各社では便器形状に工夫を凝らして洗浄に使用する水の量を節約しているほか、尿石付着による悪臭対策も施されている。

個人的には、たとえば新幹線でトイレが臭うなあと感じるのは個室の大便器よりも小便器のほうが多い気がする。それは、トイレそのものというよりは、便器脇の床に飛び散ったオシッコのせいなのだろう。

小便器には〝的〟を示すシールが貼られていることが多い。みんながその的をめがけてオシッコをすれば、飛散が抑えられるという計算のもと貼られているものだ。だから、トイレが臭うなあと思うなら、自分自身がちゃんと的をめがけてオシッコを。まずは隗《かい》よりはじめよ、である。

第3章

ウンコは快適なトイレで

列車トイレはサービスか、それとも……

新幹線や特急列車に乗るとき、車内にトイレがあるかないかを気にすることはまずあり得ない。なぜかというと、少なくともいまの日本でトイレのない新幹線や特急列車は走っていないからだ。鉄道に詳しかろうとなかろうと、だいたいの人がなぜか知っている。「ああ、トイレに行きたいかも……でも発車時間まですぐだし、乗ってからでいいか」となるわけだ。

このあたりは飛行機だってそれほど変わらない。「飛行機の中にトイレがあることは、誰もが知っている。

個人的な事情を吐露すれば、できることなら飛行機の中でトイレには行きたくない。キレイとか汚いとかそういうことではなくて、座席から離れて通路を歩いているときに大きな揺れに遭遇したらどうなってしまうのか、不安でたまらないからだ。だから、空港でしつこいくらいにトイレに行くようにしている。それでも機内にトイレがあるかないかで安心感はまったく違う。

高速バスにも、トイレは付いている。あれなんかは、最初から緊急用といった趣が強い。夜行バスでトイレに行こうものなら、「あ、この人トイレだ、サービスエリアでちゃんとしとけばいいのに」などと思われるんじゃないかと勘ぐってしまう。というか、自分のすぐ脇を人が通ったら、間違いなくそう思う。で、いつになっても戻って来ないと、「おなか痛くなっちゃったかな」と心配したりする。余計なお世話というか、性格が悪いなあと我ながら思うが、真っ暗闇の夜行バスの中で眠れないときは、そんなことを考えるくらいしかやることがない。

余談はともかく、乗り物のトイレはだいたい2種類に分類できるのではないかと思っている。ひとつは、高速バスにあるような〝緊急用〟に重きを置いたトイレ。在来線普通列車のトイレなんかも、緊急用の類いだろう。長時間の旅になると、急に催すことがある。予期せぬ腹痛に見舞われることもある。トイレの有無は、乗車するときの安心感を大きく左右するのだ。都心の通勤電車ならまだしも、地方のローカル線は長時間乗ることもあるから、トイレがあるとないとでは大違い。緊急用の意味合いが強いトイレは、サービスというよりは最低限のインフラのようなものである。

もうひとつは、比較的高頻度で利用することを前提としたトイレだ。新幹線のトイレはまさにそれ。緊急事態でなくても、「もうすぐ着くからいまのうちにトイレに行っておこう」などという使い方をされることもある。そうなってくると、家のトイレと同じような快適さを求めたくもなってくる。

およそトイレなどというものは、根源的なことを言えばウンコとオシッコができれば充分だ。沿線の人々や保線作業員などの苦悩を横に置けば、鉄道のトイレがたれ流しであっても用を足す上では問題はない。

しかし、現代人はぜいたくだ。トイレは快適な空間でなければならないと誰もが思っている。それでも汚かったり狭かったり、あまり快適ではないトイレを使うのは、緊急事態だから仕方なく。やはり、緊急でない場合にトイレに行くときくらいは、快適な空間であってほしい。

などと、つらつらトイレについて考えたところで、列車の中のトイレは果たしてどうなのか。快適であるべきなのか。鉄道という移動を担う公共インフラとしての役割に従えば、トイレだって最低限の設備でいいではないか。けれど、昨今の列車内のトイレは優れて快適な方向に進化している。

いまや、列車のトイレはインフラではなく、サービスになった。催したときにただウンコとオシッコができればいいというものではない。個室の中でわずかな時間を過ごすとき、その時間が安心で快適で誰もが何不自由ないように。そうした発想のもとで快適なトイレを追い求めてきた。最初は「トイレがない」ところからはじまった鉄道のトイレも、すっかり立派なサービス設備のひとつになったのである。

本章では、そんな「快適なトイレ」がどのように形作られてきたのかという視点で、鉄道のトイレの歴史を振り返ってみたい。

男女共用の和式便器「汽車便」

まだ明治時代、列車にトイレがはじめてお目見えした当時、その形状はおおざっぱに言えば「ただの穴」であった。紐を引っ張れば屋根上に蓄えた洗浄水が流れるという構造になってはいるものの、汚物はそのまま線路の下に落とすだけなのだから、ただの穴と言って差しつかえないだろう。

そう思うと、列車の窓から放尿して罰金を科せられた増澤政吉が不憫に思えてくる。四方を囲って穴を開けただけのトイレから車外に放尿するのと、本質的に何が違うのだ、という気がしてならない。

それはともかく、ただの穴からはじまった列車トイレだったが、早い段階からひとつの工夫が施されている。それは、便器の高さだ。

和式便所は、そのまま地面に便器が埋め込まれている形状が一般的だ。

学校の大便器が和式だった、という男性はそのときのことを思い出していただきたい。男子トイレの中に入ると小便器がいくつか並び、その反対側には個室の大便器が並ぶ。男子なら基本的に、ウンコをするとき以外は個室には入らない。いわばウンコ専用の個室の中には、和式便器が床にぴったりと埋め込まれていたはずだ。これが、正統派の和式便器だ。つまり、和式便器というのはしゃがんで排泄することに特化した形状と言っていい。その点、立って用を足す男性のオシッコスタイルは、和式便所になじまない。

正統派和式便所を見かけることはだいぶ少なくなったが、男子諸君は機会があったら試してほしい。床埋め込みの便器めがけて立ってオシッコをするのは意外と難しい。

便器の内部は床よりも下にあるから、言うなれば立ちションよりも的が遠い。急いでいたら、まず間違いなく失敗するだろう。オシッコが便器に到達するまでの距離が長いから、当然跳ね返りによる飛散も激しくなる。ズボンの裾がオシッコで汚れてしまう、などという事態も容易に想像できるところだ。

だから、古くは一般家庭でも、和式便所とは別に男性用小便器を設けているところが多かったという。和式便所と小便器はふたつでワンセット。それが基本だったのである。

ところが、列車のトイレには小便器は設けられなかった。そのままの埋め込みスタイルでは、男性がオシッコをしにくくなってしまう。いくらなんでも「列車の中ではしゃがんでオシッコをしましょう」と言うわけにもいきません。

そこで、和式便器を一段高いところ、30㎝ほど床面から高く設置するようになった。奥には金隠し、手前に少し便器の端っこが突き出した形状である。そうすることで的が近づき、立ってオシッコしやすくなる、というわけだ。

はじめは便器の脇は配管などがむき出しで、両脇に設けられた踏み台に跨がってしゃがむような使い方だったという。ただ、便器の周囲に飛び散る汚物を掃除するのが難しく、階段状に改めている。階段の上に便器が埋

「北斗星」の和式便器。階段状になっているのが汽車便の特徴だ

め込まれ、後部が手前にちょこんとはみ出している、おなじみの和式便器の構造が、こうして完成した。はじめはタイル張り、のちにアルミ材やFRP（繊維強化プラスチック）などが使われるようになって、清潔感を保つ工夫も施されている。

この「立ってオシッコ」もできる和式便器は、大小両用便器という。省スペースを実現することから、一般家庭や商業施設などでも取り入れられ、広く普及した。女性専用、男性専用といった区分けのない、男女共用の和式便器はだいたいこのスタイルである。そのはじまりが列車からだったことで、一部では「汽車便」などと呼ばれていたそうだ。狭いスペースでしゃがみも立ちもどちらも両立。その目的を果たすために、列車のトイレはちょっとした〝革命〟を起こしていたのである。

鉄道のトイレは〝洋式〟から

「汽車便」なるものが登場するほどに、かつての列車トイレは和式だらけだった。というよりは、日本中のトイレが和式だったと言ってもいい。

洋式トイレは明治はじめから日本に導入され、たとえば新島襄《にいじまじょう》など西洋文化に造詣の深い人たちは、腰掛けタイプのトイレを自宅に設置したりもしている。しかし、一般的に普及することはほとんどなかった。だから、列車のトイレが和式だらけなのも、世間の潮流にあわせただけのことだ。

それがいま、列車のトイレどころか日本中ほとんどのトイレが洋式になっている。ほんの150年ほどの間に、日本人のトイレはしゃがみスタイルから腰掛けスタイルに変わったのである。

大小問わずに個室を使う女性の事情はわからないが、少なくとも男性の筆者にしてみても、もし列車の中でウンコがしたくなってトイレに駆け込んで、そこが和式だったら正直に言って悩む。なんとか洋式トイレがないかと車内を探してみたり、洋式トイレがある下車駅までガマンしようかと考えたり、多少の逡巡《しゅんじゅん》をすることは間違いないだろう。

もちろんよほどの緊急事態のときには和式だとか洋式だとか言っていられないから覚悟を決めるが、できることなら洋式トイレで座ってウンコをしたい。温水洗浄便座付きならなお理想的だ。似たような考えをしている人は、結構多いのではないかと思う。

ところが、歴史的にみると、洋式トイレが鉄道車両の中に定着したのはそれほど昔のことではない。せいぜい平成以降、国鉄からJRになってからのこと。それ以前の鉄道のトイレは、ほとんどが和式であった。

もちろん、洋式トイレが皆無だったわけではない。

そもそも、最初期の列車トイレのひとつが洋式だった。前述の通り、1880(明治13)年に開業した北海道・官営幌内鉄道のトイレが洋式だったのだ。アメリカ製の車両をそのまま輸入してきたのだから当然といえば当然なのだが、日本の鉄道のトイレの歴史は、洋式からはじまった。

しかし、日本人自ら設置するようになると、和式トイレがほぼすべてを占めるようになる。多くの外国人が利用すると想定される優等列車の上等車などでは、和式便所の上に設置できる腰掛けを設置し、簡易的な洋式トイレとしていた。ドイツ人建築家のブルーノ・タウトは、「急行列車の便所の構造は大したもので、最小の余地に西洋流と東洋流の使用法を組み合わせて卓絶せる解決を与えている」と絶賛している。

裏を返せば、それくらいほぼすべてが和式だったのだ。ほとんどの日本人が腰掛け式の洋式トイレを使ったことがなかったのだから、どうすることもできない。

列車の中に洋式トイレが取り入れられるようになったのは、戦後になってからだ。連合軍の要請によって、1949(昭和24)年から運用がはじまった60系客車特別二等車に洋式トイレが設置されている。

さらに、1958（昭和33）年デビューの特急「こだま」151系、その翌年に登場した日光形157系にも、洋式トイレが採用されている。いずれもグリーン車に限定したもので、外国人観光客の利用を想定したものだ。

ちなみに、157系を充当した「日光」は、特急どころか急行でもなく準急列車。それでも157系は特急並みの設備を持つ車両として注目された。当時、国鉄は日光への観光客輸送をめぐって東武鉄道と激しく争っており、優位に立つために豪華な設備の157系を投入したのだ。対抗して1960（昭和35）年に東武が投入したデラックスロマンスカー1720系も、外国人観光客を当て込んで洋式トイレを採用している。

その後の国鉄では、特急車両のグリーン車に限定して洋式トイレを設置することが慣習化してゆく。優等列車が特急・急行・準急の三本立てだった時代で、特急のグリーン車を利用する人はごく限られた富裕層。そこから考えれば、外国人の利用を想定していたことは間違いない。1964（昭和39）年10月に開業した東海道新幹線も、グリーン車には和式と洋式がひとつずつという従来のパターンを踏襲している。

余談だが、東海道新幹線のトイレは、タンク式を採用した点を含めて最先端の列車トイレとして大きく注目されていた。ところが、営業開始早々、ちょっとした事件に見舞われている。トイレの個室内でニオイと汚物が逆流するトラブルが相次いだのだ。

原因は、新幹線特有の気密構造にあった。高速で走る新幹線は、トンネルに入ったときに耳ツン現象が起きるのを防ぐため、客室内の気圧を一定に保つ構造になっていた。ところが、デッキやトイレは気密構造の対象外だったため、トンネルに入ると気圧差によって汚物が逆流してしまった、というわけだ。他にも、気圧差でトイレの扉が開かなくなって閉じ込められるといったトラブルが続出。トイレもデッキも気密構造にする改良工事が行なわれている。

洋式化は世間から一歩遅れて

話を戻すと、少なくとも国鉄時代の洋式トイレ設置は、前述の通りのグリーン車を除いてほとんど進まなかった。国鉄のサービスが悪いわけではなく、時代の潮流である。

はじめて国産の洋式トイレが登場したのは、1914（大正3）年だ。日本陶器内の製陶研究所（現在のTOTOのルーツ）で開発された。しかし、その当時はまったく普及しなかった。外国人の宿泊を見込む高級ホテルなどに採用されるに留まったという。

本格的な洋式トイレの普及は、高度経済成長期になってからだ。1960年代、公団住宅が全国各地に建設され、その標準トイレとして洋式トイレが採用された。洋式トイレはその後、急速に広まってゆく。１９７０年代後半には洋式トイレの出荷数が和式トイレを上回り、１９８０年代には和式の出荷比率は20％にまで減っている。少なくとも１９８０年代には、和式より洋式という流れがはっきりしていたのである。

だが、洋式の導入が進んだのは一般家庭から。１９８０年代もまだまだ列車のトイレは和式が中心だった。学校のトイレなど、公共機関のトイレも和式が大半だった。

一度トイレを設置したら、いくら洋式が時代の流れとは言ってもすぐには交換できない、という事情もあっただろう。が、それよりも大きいのは、洋式トイレの何よりの特徴、便座に直にお尻をくっつけるという点が、忌避されたことにあったようだ。

家庭のトイレならば使うのは家族ばかりだから、お尻を便座につける洋式でもそれほど気になることはない。ただ、列車トイレのような不特定多数の人が使う公共のトイレとなると話は別だ。自分の前にトイレを使った見知らぬ人のお尻がピタッとついた便座に座る。このことが、衛生的ではないというか、感情的に受け入れられないというか、そういう思いを抱く人が少なくなかったのだ。

１９８７（昭和62）年10月６日号の雑誌『女性自身』で、「外出先であなたは洋式トイ

JR東日本400系は、全トイレをはじめて洋式で統一した車両だ

レ、平気で座れる?」という特集が組まれている。同誌は、18～39歳の女性200名を対象としたアンケートを実施。それによると、和式トイレより洋式トイレ派という人は全体の80%に達している。しかし一方では、「外出先の洋式トイレは不潔だと思う!」と答えた人は97%。こうした状況では、列車トイレのような公共トイレは、とてもじゃないけれど洋式に変更することはできない。

それが1990年代に入ると変わってゆく。グリーン車以外でも洋式トイレを採用する例が増えたのだ。

たとえば、JR東日本は1988年から特急「あずさ」「スーパーひたち」に洋式トイレを設置している。すべての個室トイレが洋式化した車両は、１９９２（平成４）年7月デビューの山形新幹線「つばさ」４００系が最初だ。ＪＲ東日本は、これ以降に開発した新幹線車両をすべて洋式トイレに統一している。以後、同様の動きは他社でも進み、和式トイレを残した車両であっても、ふたつの個室のうちひとつを洋式にするなど、和洋双方を採用したケースもあった。

なぜ、１９９０年代に入って急に列車トイレの洋式化が進んだのだろうか。

便座クリーナーなどが普及して洋式の不潔感が解消されていったことも理由のひとつだ。便座にビニールを巻き付けて、ボタンを押すとそれが自動で回転してゆく、という斬新なアイテムが鉄道車両に採用されたこともある。

ただ、これ以上に大きな理由として挙げられるのは、しゃがんで排泄する和式トイレは高齢者や障がい者にとって使いにくいという声が広まったことだろう。

１９８９（平成元）年12月2日付の朝日新聞投書欄『声』に、片まひの障害を持つ女性からの投書が掲載された。曰く、乗り物のトイレに洋式が少なく不便を感じている、という。洋式トイレが少ないせいで催さないよう水分摂取を控えているくらいだから、なんとかならないものか、というわけだ。

それに対して、ＪＲ東日本も洋式トイレへの変更を進めていく予定であると応じている。

400系で洋式に統一した際には、「お年寄りからの要望が多いから」としており、誰でも使いやすいトイレ、鉄道車両の開発という発想が背景にあったことがうかがえる。国鉄からJRの時代に移り、積極的にサービスの拡充が進められていた時期だったことも関係しているのだろう。

ただし、1990年代はまだまだ洋式派と和式派が拮抗していた時代でもあった。400系の全洋式化を取りあげた雑誌『DIME』は、「和式トイレをなくしてしまうのはどうしたものか」とやや批判的な論調で報じている。

また、JR東海は長らく和式と洋式の両輪体制を続けていた。JR東海は、東海道新幹線は男性ビジネスマンの利用が多く、和式になじんでいる人が少なくないため、と和洋両輪の理由を説明している。

実際に東海道新幹線の完全洋式化は他の車両に比べてやや遅い。車両単位では2013（平成25）年に登場したN700Aからすべて洋式に統一。700系が東海道新幹線から引退した2020年になって、路線全体から列車内の和式トイレが消滅している。

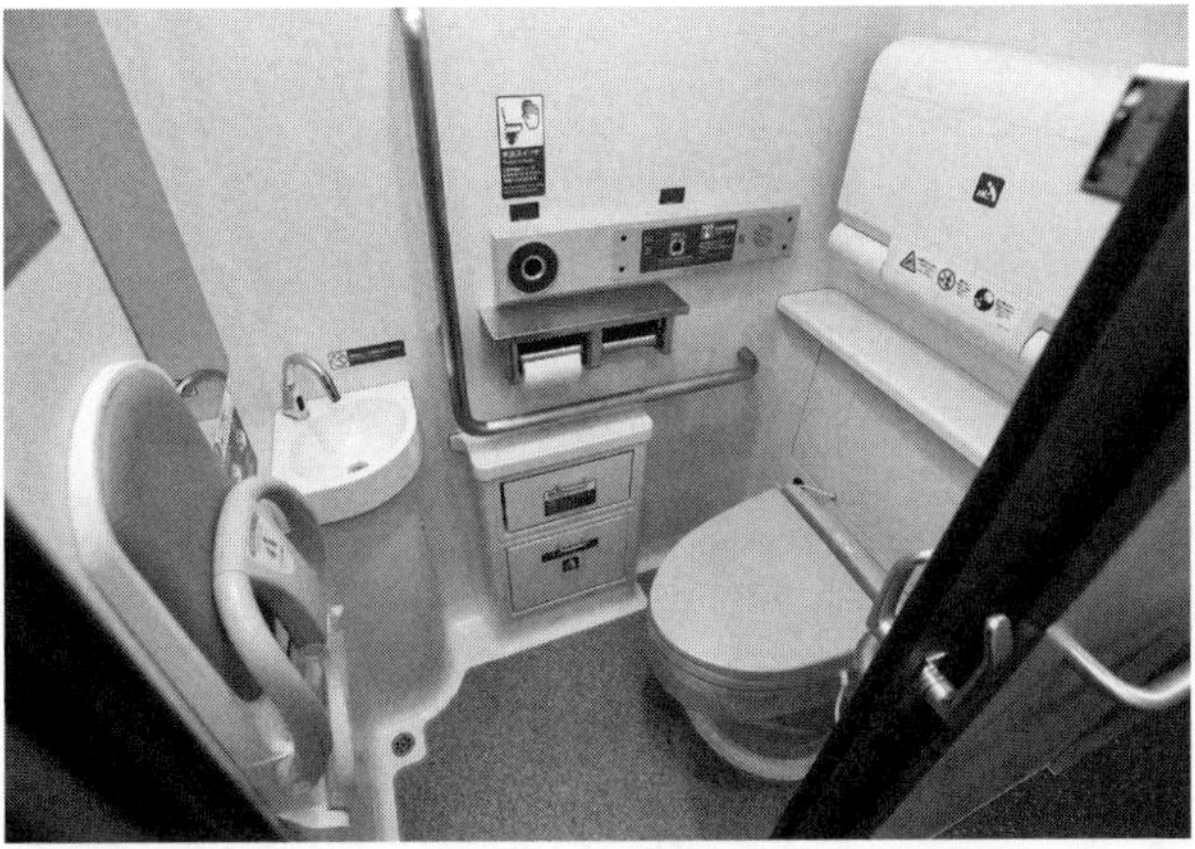

E5系の女性専用トイレ。ベビーチェアなどが設置されている

いまなお発展途上の女性専用トイレ

では、女性専用トイレはいつ頃から誕生したのだろうか。

いま、新幹線・特急の個室トイレは、男女共用と女性専用がそれぞれセットで設けられるケースが増えている。それが当然と思っている向きもあるかもしれない。しかし、男性諸氏はあまり実感できないかもしれないが、実は東海道新幹線ではまだ女性専用トイレが設置されていない。和式トイレが長く使われていたのと同じで、男性客の比率が高いから、というのが理由だろうか（なお、男性用小便器は新幹線開業時から設置されている）。

そういえば、東海道新幹線が全面禁煙になったのも２０２３年の春。ほとんどの車両が全面禁煙になってゆくなかで、最後まで喫煙ルームが残されていた。これも男性客の多さが理由ということで、どうやら東海道新幹線、普遍的な新幹線だと思いきや、意外と特殊な性質を持っているのかもしれない。

はじめて女性専用トイレが設置された車両は何か。これを断定するのは難しいが、1992（平成4）年の南海電鉄が有力だ。

南海では、1985（昭和60）年に導入された本線特急「サザン」の10000系電車を、1992年に当初の2両編成から4両編成に改良している。このとき、男女共用トイレに加えて女性専用のトイレを設けた。女性専用トイレ内にはベビーベッドも備えられている。第1章で触れた、志賀直哉『網走にて』に登場する幼子を連れた母子も、ベビーベッド付きの女性専用トイレがあれば、難儀することもなかっただろう。

ほぼ同じ時期、1990年代前半にはJR各社もこぞって女性専用トイレの設置に乗り出している。

1992年には、JR九州が特急「つばめ」787系で、従来の和式トイレをすべて洋式化。同時にトイレを男女別に分けている。また、JR東日本は1994（平成6）年運用開始の東北新幹線E1系などで男女別を導入。JR西日本は1996（平成8）年に登場した特急「スーパーくろしお（オーシャンアロー）」の283系に女性専用トイレを設けた。同社の担当者によると、女性専用トイレは283系の目玉のひとつだったという。南紀方面を目指す特急「くろしお」は、他線区の特急や新幹線とは違い、観光色がかなり濃い列車だ。だから、女性客に向けたサービス向上も設計コンセプトのひとつになっていたという。

なお、ほぼ同時期に量産車が投入された特急「スーパー雷鳥（サンダーバード）」681系には、女性専用トイレは設置されていない。東海道新幹線と同様に、ビジネス需要の比率が高く、男性客が多いという特徴があったためだ。ビジネスならば女性より男性が多い、というのもいまからすれば前時代的に思えるが、1990年代半ばはまだまだそういう時代だったのである。

女性専用トイレは、洋式トイレとは違っていまも発展途上にある。新幹線では東海道・山陽新幹線には女性専用トイレがないし、在来線に直通する山形・秋田新幹線にも設置されていない。こちらの理由は、一般的な新幹線車両と比べて車体の幅がひとまわり小さくなっており、トイレ設置スペースが限定されているからだという。山形・秋田新幹線のトイレは、2024年春にデビューした新型E8系を含めて小便器と男女共用個室ひとつずつでワンセット、である。

日本の鉄道は、開業以来〝狭軌〟と呼ばれる１０６７㎜の線路幅を採用してきた。必然的に車両の幅も狭くなるため、トイレなどの設置スペースにも影響が及ぶ。新幹線は１４３５㎜の標準軌だが、山形・秋田新幹線は狭軌の在来線を改軌したため、車体幅拡大には限界があったということだ。１５０年前に採用した〝狭軌〟は、日本の鉄道のあり方にさまざまな形で影響してきた。トイレもまた、無関係ではいられない。現在、私鉄を含めた在来線の車両で女性専用トイレを設置しているのは、ＪＲ九州の一部車両やＪＲ西日本

E6系の小便器。清水の重力落下で洗浄する構造を採用している

の新型「やくも」273系など、ごく一部に留まっている。

なお、女性専用トイレの話をしたついでに、男性専用の小便器についても少しだけ触れておこう。

男性専用の小便器がはじめて設置されたのは、1959（昭和34）年の近鉄特急ビスタカー10010系とされる。その後、東海道新幹線に設置されて本格的に普及した。いまでは個室トイレに女性専用がなくても、男性小便器は設置されることが一般的になっている（普通列車など個室トイレひとつだけ、というケースを除く）。男性がオシッコをするためだけに個室に籠もられたら、ウンコを耐えている人にとってはたまったものではないですからね。

もうひとつ余談をすると、新幹線など大半の車両で小便器の扉にカギはない。折り戸式になっていて、押すだけで開く構造がほとんどだ。扉には小窓があって、先客はいないか、また通路を歩いている人がいないかどうか、確認できる。女性からすると、カギがなくて窓まである環境でオシッコなんてできるものかと思われるかもしれない。が、駅などの公衆トイレでは、男性は並んでオシッコをしているから気にならないのだ。通路を歩いていて、おじさんがオシッコをしている背中がちらりと見えたとき、女性がどう思うかはまた別の話である。

ただし、JR北海道など一部の特急車両には、小便器にもカギがある。その場合は小窓がなく、カギがかかっているかどうかで先客の有無を判断するという個室トイレと同じ仕組みだ。先だって北海道を訪れたとき、いつもの新幹線のクセでカギをかけ忘れ、用を足している途中に扉が開いておったまげた。同じように見える列車の中のトイレでも、車両ごと、会社ごとに微妙な違いはあるものだ。そのあたりも踏まえて、トイレに行くときはよく確認することをおすすめしておきたい。

普通列車のトイレ事情

ところで、ここまで見てきたのは主に新幹線や特急列車といった、ハナから長距離を走ることを前提としている列車・車両が中心だった。鉄道会社にとっては、〝看板〟と言ってもいい。だから、たれ流しうんぬんは別にしても、各社その時点で最も設備が整っていて、最も快適なトイレを設置しようとするのは当たり前である。

そこで忘れてはいけないのは、在来線普通列車のトイレだ。

都心の通勤電車、たとえば山手線や京浜東北線などにトイレは付いていないが、少しでも長い距離を走る列車なら、在来線普通列車であってもだいたいトイレはあるものだ。

首都圏では、上野東京ライン・湘南新宿ラインを間に挟んで小田原・熱海から高崎・宇都宮までのロングラン列車など、もちろんトイレが付いている。関西に目を向けると、敦賀から京都・大阪・神戸（三ノ宮）を経て姫路まで走る新快速。こちらにもちゃんとトイレがある。主に豊橋〜名古屋〜岐阜間を走る、東海地区の東海道線新快速・特別快速でも同様だ。

実際に乗る人がどれだけいるかはわからないが、横浜から湘南新宿ライン経由で高崎まで行くと、３時間30分以上はかかる。新快速の敦賀〜姫路間もおおよそ３時間。これだけの長時間となれば、トイレはあったほうがいいに決まっている。

ちなみに、山手線でも一周乗れば１時間かかる。しかし、さすがにそんな酔狂な乗り方をする人はいないだろうし、２〜３分ごとに次の駅に停まる。目的地の手前でトイレに降りても、後続の電車がすぐに来る。だから、山手線にトイレがなくても問題ないということも、至極ごもっともである。ＪＲ東日本に聞いても、山手線や京浜東北線にトイレを設置する計画はないという。

一方で、最近になって新たにトイレが設置された通勤路線もある。中央線快速だ。

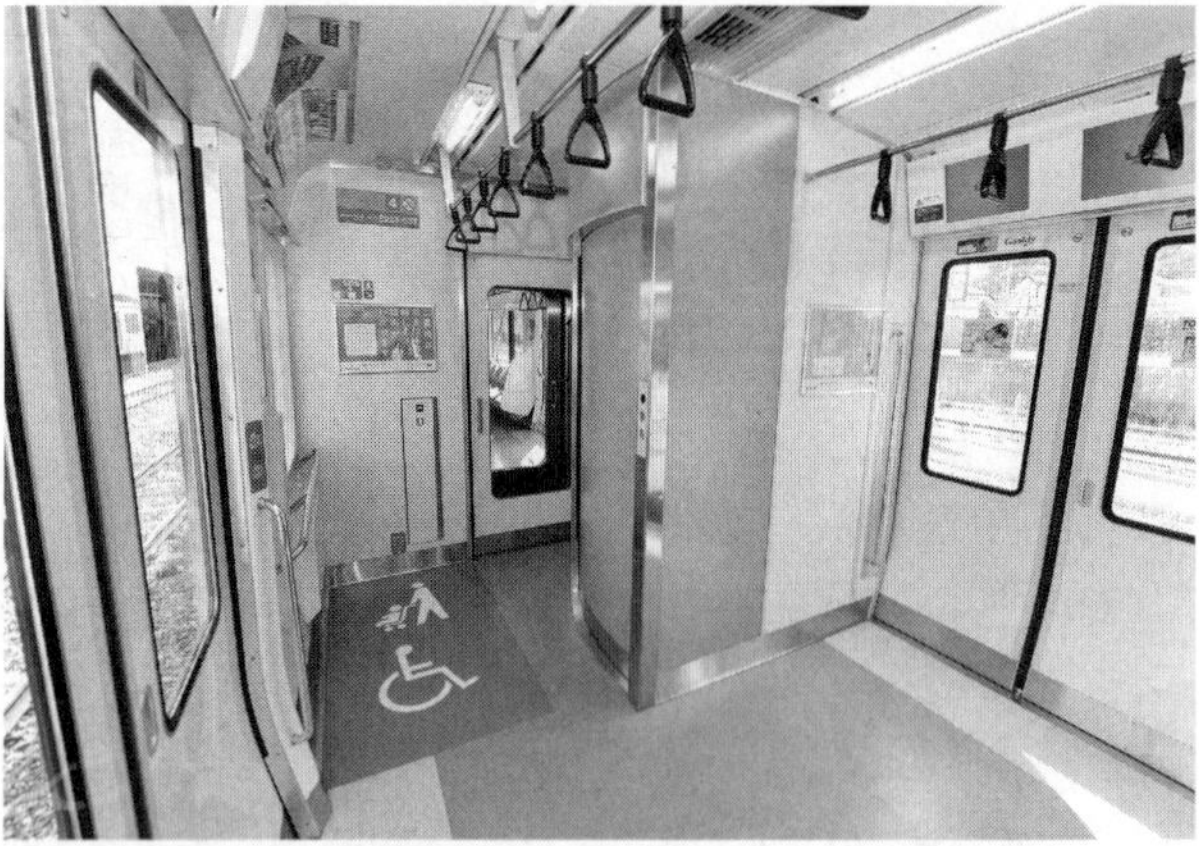

中央線快速E233系に設置されたトイレ。車いすでも利用可能だ

中央線は、いままで首都圏では主要五方面（東海道、中央、東北、常磐、総武方面）のうち、唯一トイレが付いていなかった。そんな中央線にも、2020年頃から設置されている。場所は4号車の5号車寄りで、2025年春からサービス開始を予定するグリーン車にもトイレがあるという。

中央線は首都圏屈指の大混雑、超絶満員電車でおなじみだ。そんなところにトイレができたら、トイレのスペースの分だけ狭くなって混雑が激しくなるのではないか。はたまた、混雑から逃げてトイレに籠もってやり過ごす不逞《ふてい》の輩が現れるのではないか。トイレ導入直後はそんな声もあったが、実際には大きなトラブルもないようだ。ならば、やはりトイレはあった方がいい。

ＪＲ西日本では、「各駅にもトイレがある」という前提の上で、長距離を走る快速列車など（たとえば新快速）には、少なくとも1編成に1カ所のトイレを設けているという。

具体的には、ＪＲに移行してはじめて投入された２２１系新快速には和式トイレを設置。関西国際空港アクセスの関空快速用として登場した２２３系も最初は和式だった。その後、１９９５（平成７）年以降に製造された２２３系１０００番台からは洋式トイレになり、その後新たに設置するトイレはすべて洋式に統一されている。民営化して間もない時期に、普通列車用の車両であってもサービス向上の名目で、積極的に快適なトイレの導入が進められていたのである。

ただ、地方に目を向ければ、１９９０年代はまだまだ普通列車のトイレは充分とは言い難かったようだ。事実、１９９０年代後半から２０００年代初頭にかけては、普通列車にトイレ設置を求める声が上がっていた。

例を挙げれば、２０００（平成12）年11月7日の朝日新聞朝刊に、列車の中にトイレがなく、途中駅のホームのトイレを使うよう案内された、という読者投稿がある。この投稿者が乗った列車は、日中のＪＲ山陽本線下関発岩国行き。所要時間はおよそ3時間で、途中小郡《おごおり》駅（現在の新山口駅）で12分停車するからそこでトイレに、と案内された。投稿者によればお客の大半は高齢者で、12分の停車時間に階段を上り下りして用を足すのは難しい、かといって高齢者に3時間もトイレ無しでガマンしろというのも無理筋だ、というのである。

こうした声は各地で上がっていたようで、行政も動きを見せている。たとえば1998（平成10）年には利用者の行政相談を受け、近畿管区行政監察局がJR紀勢本線へのトイレ設置を求める〝あっせん〟を行なっている。

1999（平成11）年には、東北・宮城県のJR仙石線でも似たようなことがあった。石巻商工会議所には、子連れの旅行で困ったとか、ガマンできずに失禁してしまったとか、そういった声が寄せられており、JR東日本にトイレ設置を強く求めた。JR東日本も課題として認識していたようで、2002（平成14）年秋からトイレを新設した車両の運用を開始している。

このとき仙石線に投入された車両は、それまで山手線で走っていた205系の転用だった。もちろん山手線時代の205系にはトイレはなく、仙石線に転じると同時にトイレをあとから設置したのである。

製造当初はトイレがなかったが、後付けしたJR西日本キハ120形

このように、もともとはトイレがなかった車両に後付けした例も少なくない。たとえば、大阪環状線などで活躍していた103系が播但線・加古川線に転じる際に、トイレを取り付ける工事を行なっている。

変わったところではJR西日本キハ120形がある。中国山地や北陸などの非電化ローカル線を活躍の舞台にする小さな気動車で、1992年から運用がはじまった。最初はトイレが付いていなかったが、2004(平成16)年頃から後付けし、現在ではすべてのキハ120形がトイレ付きになっている。

ローカル線ながら長距離の運行も多く、また利用者からトイレ設置を求める声が相次いだから、という説もある。小さい車両であることから床下に大きなタンクを搭載する余裕がなく、泡で洗浄する特殊なタイプのトイレが設置されている。

こうしていまでは、大都市圏の通勤通学列車を除けば、ほぼすべての列車の中にトイレが設けられるようになった。ＪＲ四国のキハ32形のように、長距離を走りながらもトイレがない車両もあるにはある。そうした車両では、ガマンができなくなったら運転士さんへご相談。停車時間のある駅でトイレを使わせてくれるはずだ。

なお、普通列車へのトイレ設置が進んだ中でも、逆に列車内トイレが消滅した例もある。東武伊勢崎線や日光線がそれで、理由はダイヤ改正によって長距離を走る列車が消滅、またトイレ付きの車両が引退したからだ。かつては浅草から太田、伊勢崎までのロングラン普通列車があったが、いまでは久喜・南栗橋駅で運転系統が分離されている。

銀色の便座とウォシュレット

このように、洋式トイレや女性専用トイレの設置など、鉄道のトイレの快適性が向上したのは、国鉄からＪＲになってからのことだった。洋式トイレが広く普及して衛生面の不安が解消できたことや、女性の社会進出が進んだことなどが背景にあることは間違いない。

１９８０年代後半から１９９０年代前半というバブル絶頂期と、ＪＲ時代初期がちょうど重なったことも無関係ではないと思う。

ただ、いちばんの理由は新会社・ＪＲが「ただ走っていればいい」という鉄道から脱却し、徹底したサービスの向上を進めたことにある。国鉄時代、それも末期はたび重なるストライキによる客離れやサービスの低下が顕著になっており、そうしたイメージからの脱却が新会社・ＪＲの大きなテーマだった。その中で、わかりやすい対象のひとつとして、トイレの快適性が向上したのだろう。

もちろん、国鉄が悪、などと言うつもりはない。国鉄はそもそも途方もないほどに膨らんだ赤字に苦しんでおり、そうした中でも身を切るようにしてトイレにタンクを取り付け、汚物たれ流しの撤廃に取り組んできた。ただ、時代的背景もあってそこまでが精一杯。快適なトイレの整備は新会社に委ねるかたちになったのだ。

快適になったのは、女性専用トイレの設置や洋式トイレ導入だけではない。

細かいところでは、便器の素材も変わっている。以前、列車の中のトイレは銀色に輝くステンレス製がほとんどだった。床に埋め込まれた和式トイレはすべてが銀色で、洋式トイレはさすがにお尻がくっつく便座ぐらいはＦＲＰなどが使われていたが、鉄道のトイレといったら銀色、というイメージを抱いていた人も多いのではないか。

それが、いまではFRPなどを使った白いトイレに生まれ変わっている。

一般的なトイレの素材は陶器製がほとんどだ。これは、水を効率的に流すための複雑なデザインを作りやすいこと、また防水性能を持ち衛生的であること、耐久性に優れていることなどが理由だという。

しかし、鉄道のトイレはより高い強度が求められ、また清掃に際しても汚れが落ちやすいことが必要になる。さらに、設置スペースや汚物排出の設備面などから、汎用品を使いにくいという事情もあっただろう。そのため、長くステンレス製が使われてきたのだ。

しかし、ステンレスの銀色は、一般的なトイレのイメージとはかけ離れている。だから冷たい印象を抱く人もいるに違いない。そこで、ステンレスの便座に白のナノコーティングを施したり、FRPを使用するなど、一般的なトイレのイメージに近づけてきた。

陶器製のトイレをそのまま採用した例は少ないが、それでも1994年に運用を開始した東北新幹線E1系は陶器製だった。INAXが強度を高めたコンパクトサイズの便器を開発し、それが列車に採用されたという。

2000年代に入ると、いわゆるウォシュレット、温水洗浄便座も登場する。2002

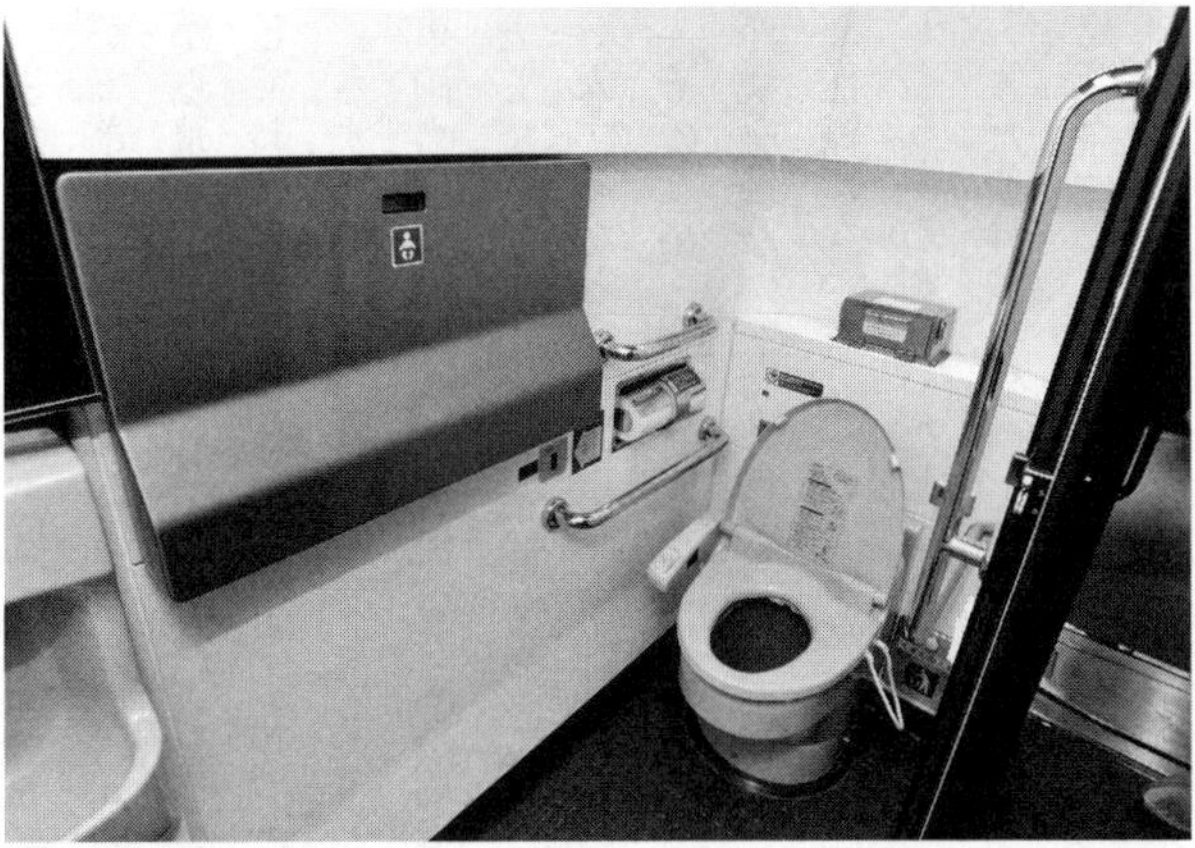
E3系では温水洗浄便座が採用されており、便座の脇に操作パネルがある

年に投入されたE3系5次車の11号車（グリーン車）トイレに鉄道車両でははじめてとなる温水洗浄便座が取り付けられたのだ。
　この頃には一般家庭での温水式洗浄便座の普及率は3割を超えており、鉄道車両での採用を求める声も上がっていた。ネックとなっていたのは使用する水だ。お尻を洗う温水洗浄便座の水は、当然、清水でなければならない。だから、使用する水の量が制限されていた時期には導入することができなかった。
　この問題が、当時採用が進んでいた清水空圧式のおかげで解決した。一度の洗浄で使用する洗浄水の量が300〜350㎖にまで抑えることができ、温水洗浄便座の洗浄水に充てる余裕が生まれたのだ。

また、E3系5次車にはフルアクティブサスペンションが採用され、揺れを抑えることができるようになった点も、温水洗浄便座導入につながったとか。揺れる車内では、便座から飛び上がったりズレたり、ということも考えられる。その点、揺れが小さければ安心してお尻を洗うことができますね、というわけだ。

さすがに温水洗浄便座となるとすべての車両にというわけにはいかないが、かなり導入車両も増えている。東海道新幹線では、N700Aから導入がはじまった。これはトイレとしての最低限の範囲を大きく超えた、いわば〝プラスアルファ〟のサービス。だから、導入するかどうかは車両の設計思想にもかかわってくる。

そのため、今後どれだけ導入が進んでいくかは不透明だ。ただ、生まれてこの方温水洗浄便座がないトイレでウンコをしたことがない向きも増えているだろうから、いずれは標準仕様になってくるのではないかと思う。

もう少し変わったところでは、列車内のトイレの位置も変わっている。

まだ新幹線や特急に喫煙車両があった1990年代半ば。京都と城崎を結んでいた特急「あさしお」は、5両編成のうち3号車と4号車の間にトイレが設置されていた。すると、禁煙車の5号車に乗っているお客は、喫煙車両の4号車を通ってトイレに行かねばならぬ。

まだ愛煙家の立場も悪くなく、新幹線では半分以上が喫煙可能という時代だったが、嫌煙家も増えていた。トイレに立つたびにタバコの煙を浴びさせられたお客からクレームがあり、JR西日本では禁煙車両の位置を変更して対応したという。

窓はどこへ

これは鉄道に限ったことではないが、トイレには窓がないことも珍しくない。列車のトイレも商業施設の個室トイレも、そして一般家庭であってもマンションなどならば、窓のないトイレが多い。なぜならば、換気装置の性能が向上し、窓を開けなくても臭気が籠もるようなことがなくなったからだ。用を足して数分もすれば、たいていのニオイはものの見事に消え去っている。優れた消臭剤の登場も、窓なしトイレの実現に一役買っているだろう。改めて考えてみたら、トイレに窓があって自分がウンコをしている姿が丸見えだったら。なんとも空恐ろしい（もちろん曇りガラスだったり、全体が見えないような小さな窓だったりはしたのだろうが）。

だが、ひと昔前のトイレに窓は欠かせなかった。ウンコを出したらそのニオイを窓を開けて逃がさねば困ったことになってしまう。だから、トイレには換気用の窓が設けられているのが当たり前だった。たれ流しの時代には、対向列車にぶつかった臭気がそのまま汚物管を通じ、トイレ内に戻ってくることもざらにあった。だから、窓による臭気対策は必須だったのだ。

鉄道のトイレに限定すれば、古く窓には明かり取りの意味合いもあったという。トイレの個室内に照明灯はなく、またあってもかなり暗いもの。窓から明かりをもらって照らしてもらい、ウンコとオシッコをしていた。だから、日が落ちてからのトイレは難儀したというエピソードも伝わっている。暗いところでしっかり便器の中にウンコとオシッコを。そりゃあ、失敗して汚物が飛散されても、誰が責められようか。

いずれにしても、トイレの窓はニオイ対策に明かり取りと、なかなか重要な役割を持っていた。もちろん大きく開放できる窓ではなく、上部がほんのちょっとだけ開くタイプのものが多い（ビジネスホテルの窓をイメージしてもらえればわかりやすい）。

ところが、特急「こだま」151系が登場したあたりから、窓は小さくなってゆく。151系では客室の窓は完全に密閉されており、開けることができなかった。ただ、トイレと洗面所だけは換気のために上部7cmだけが手前に開く構造になっていたという。

この7cmだけ開く窓がキーになったのが、黒澤明監督の名作映画『天国と地獄』だ。作中では、特急こだまが小田原駅の手前で酒匂《さかわ》川を渡るとき、7cmしか開かない洗面所の窓から身代金の入ったカバンを放り投げる。日本映画史に残る名シーンのひとつである。

それはともかく、151系の頃から明かり取りは照明灯に置き換えられ、ニオイ対策では換気扇が設置されるようになる。汚物タンクを積んだ東海道新幹線には、ついにトイレから窓がなくなっている。タンクと便器の間には弁が設けられており、ニオイが逆流しない対策が施されたのだ。

加えて照明灯に清潔灯が採用されている。清潔灯とは、紫外線を発するいわゆる殺菌灯のこと。どれだけトイレの中で効果を発揮するのかは定かではないが、少なくともトイレの中が耐えられないほどのニオイで充満することはなくなったのだろう。そして、それ以降に設置されるトイレからは、徐々に窓が消えていった。窓があるのは先客の有無を確認するための小便器の小窓くらいである。

トイレが使用中かどうかを客室内に教えてくれる知らせ灯は、比較的歴史のあるサービスだ。

知らせ灯がはじめて設置されたのは、1951（昭和26）年運用開始のスハ43系客車だという。その構造はシンプルだ。トイレのカギが施錠されると、それと連動したスイッチによって客室内の知らせ灯が点灯する。いまでは客室内のモニターや電光掲示板などに表示されるようになっているが、基本的な構造は半世紀以上変わっていない。

なお、新幹線のように個室トイレが複数設けられている車両では、すべてのトイレが使用中にならなければ知らせ灯は点灯しない。また、男性用小便器はカギがないことも多く、さらに使用時間が短いため知らせ灯とは連動していない。

この知らせ灯のおかげで、お客はずいぶんと助かっている。新幹線の中でトイレに行こうと思い立っても、知らせ灯がなければ先客がいるかどうかがわからない。ひとまずデッキに出たところで、先客がいたらそこで待たなければならない。いったん座席に戻ったら、誰かに先を越されてしまうかもしれないからだ。知らせ灯があれば、使用中でないときに席を立てばいいだけだから、わかりやすい。

ちなみに、トイレに行きたいと思ったのに知らせ灯が点灯中で、消えたからさあ行こうと思ったら同じ動きをした人が前方に見えて、「ああ……」なんて思ったことがあるのは、筆者だけではないはずだ。

話を戻すと、最初はまったくトイレのないところからはじまった鉄道の歴史。トイレがなければないで、早期設置を求める声が上がり、特急列車などを優先して取り付けが進んだ。そしてそれぞれのトイレの快適性も高まった。

それらがひととおり完了すれば、次は普通列車にも快適なトイレを。人間の欲望は際限ない、と言いたいところだが、この問題はウンコとオシッコ、つまり人間にとって最も切実で根源的な問題だ。

それに、鉄道のトイレは公共の場にあって誰もが使う設備でありながら、いったん個室の中に籠もれば、そこは周囲とは隔絶された完全な〝個〟の世界になる。つまり、極めて公共性が高いのに、同時に極めて個人的でもあるという、相反するものが両立している空間。トイレの特殊性と言っていい。

だから、快適性を求めるのも自然ななりゆきなのかもしれない。きっと、これからも鉄道車両のトイレは、世間の潮流に合わせて進化を続けてゆくに違いない。それが、トイレと人間との付き合い方なのだ。

『トイレット部長』にみるトイレ環境

1960年、文藝春秋新社（現在の文藝春秋）から発売された『トイレット部長』という本がある。著者の藤島茂は東京帝国大学工学部を卒業後、鉄道省に入省。建築技師として駅舎の設計・改良を担った。同書は、そんな藤島が駅のトイレに関するあれこれをまとめた随筆だ。1960年の大ベストセラーとなり、翌1961（昭和36）年には池部良や淡路恵子の出演で映画化までされている。

同書の中で、藤島は「現実に国鉄はおそらく、最も多くの便所をもっている企業であろう」と書く。藤島の試算によれば、東京駅には職員用を除いて122個の大便所と126個の小便器があり、山間の小寒村の駅でも大便器のひとつやふたつ、全国ではざっと3万個の便所があるという。そして、国鉄建設規定に駅には乗降場、待合所、便所などの設備が必要と書かれていることから、「便所がなければ駅にあらず」とまで言ってのけている。

駅のトイレのことばかり考えていて家族にあきれられたという藤島らしい書きっぷりだが、実際に当時の駅のトイレはなかなか厳しい状況にあったようだ。

しばらく『トイレット部長』を参考にさせてもらうが、当時の駅のトイレは町の公衆便所の役割も兼ねていた。だから、ということもなかろうが、扉が壊れてなくなっていたり、足の踏み場がないくらいに汚れていたり、便器が詰まっているから調べてみたら上下一式の背広が出てきたり。とにかく不衛生この上なく、それがお客からのクレームにもつながるから、国鉄にとって（トイレット部長にとって）大きな悩みのタネになっていた。

列車のトイレのたれ流しは、保線作業員や沿線住民を悩ませることになっても、国鉄にとっての〝お客さま〟である乗客にとってはさしたる問題ではない。むしろ、列車や駅のトイレの環境が劣悪であることのほうが、苦情に直結するというわけだ。

『トイレット部長』によると、駅のトイレを改善する道のりは相当に険しかったようだ。老若男女誰もが利用するから、汚いとかそういうことだけでなく、最新の設備を思い切って取り入れてみても、それを使いこなせずに場合によっては壊してしまう。西洋式の腰掛け便所（要は洋式トイレ）を入れてももちろん使い方がわからないから、便座の上に足を置いてしゃがんで用を足す始末。野グソの時代のクセが抜けないのか何なのか、カギをかけずにウンコをする人もいたりして、もうしっちゃかめっちゃかだ。列車の中のトイレも、似たり寄ったりだったのだろう。

そんな『トイレット部長』の中に、興味深いことが書かれていた。鉄道の駅のトイレは、古くから女子個室・男子個室・男子小便器の比率を3・4・8にしていたというのだ。つまり、女性用の個室トイレは男性がウンコをする個室よりも少なかったことになる。女性が個室でウンコもオシッコも済ますとすれば、男性用の個室と小便器を合わせた役割。なのに、圧倒的に数が少ない。

この時代、百貨店などのトイレは実にキレイで女性でも安心して用を足すことができるとして、人気が高かったらしい。外出時、仕事の合間などでもわざわざデパートに足を運んで用を足す女性もいたほどだった。主たる顧客である女性をターゲットにサービスを向上し、さらなる集客につなげようとするデパート側の営業努力だ。デパートなどでは男性用の個室よりも、女性用の個室トイレのほうが多く設置されていたという。

さすがにそこまでのサービスは求められないし、1960年前後は女性の社会進出がまだ進んでおらず、駅の利用者の多くは男性というのが現実だったのだろう。女性用のトイレが圧倒的に少ないという駅のトイレ設置数の基準は、そうした時代を反映していた。

同書では、国鉄が外部に委託して調査した報告書の内容にも触れている。それによると、「婦人の異常な羞恥感情は年齢にもよる」「女性の尿意の急激なる面は生理的なもの」などといった、およそ現在では考えがたいような文言が並んでいる。時代によるものと言えばそれまでだが、鉄道の現場にあって女性客は明らかに男性よりも待遇が悪かった。同じ運賃を払っていたのに、である。

『トイレット部長』には、女性が駅のトイレの前に長蛇の列を作っているからなんとかせねば、といったことが書かれている。女性トイレの不足が課題として認識されていたこと

金沢駅のトイレ。主要駅を中心に、快適な駅トイレも増えている

は間違いないようだ。１９７０年代には若い女性が鉄道であちこちを旅する〝アンノン族〟がブームになった。国鉄もブームを仕掛けた立役者だけに、その頃にはいくらか改善されていたのだろうか。

現在は、さすがに女性の個室トイレが男性の個室トイレよりも少ないということはなくなっている。少なくとも主要各社の駅トイレの数は、男女ともに同数になっている（男子トイレはあるけれど女子トイレはない、などということはない）。

それでも、男性の小便器と個室を合わせた数と女性の個室トイレの数を比べると、男性用の方が多いところがほとんどだ。いまでもターミナル駅などでは女性トイレの前に長い列ができているのをよく見かける。相模鉄道のように、ラッシュ時の横浜駅でコンコースまで女性の列が伸びるようになったため女性トイレを増設するなど、工夫している事業者もいる。が、全体を見れば抜本的な解決にはほど遠い。

男女のトイレ数問題は、鉄道に限らずさまざまな施設で問題になることが多い。「快適なトイレ環境」を追求してきた鉄道界なのだから、この問題にあっても解決に先鞭をつけて欲しいと思うのだが、いかがだろうか。

駅トイレクリーン作戦

駅のトイレにまつわる話題をもう少し。

トイレット部長こと藤島茂が頭を悩ませた、駅のトイレばっちい問題。汚くて臭くてすぐ詰まるという、劣悪極まる状態は、すぐには解決しなかった。国鉄がどうこうとか、駅の設計がどうこうという以前に、汚いのは使う人の問題だからだ。

何なら、いまでも駅のトイレは列車内のトイレと比べればあまり快適とは言えないのが正直なところである。

女性トイレの事情はわかりませんが、少なくとも男性用トイレは中に入ると強烈なオシッコのニオイが充満している。男性は小便器の前に仲良く並んでオシッコをするのだが、結局オシッコは飛び散るようにできている。だから、床にオシッコが飛び散って、それがニオイの元になっているのだ。トイレの使用頻度が高いターミナル駅などでは、いくら強力な換気装置を動かしたり消臭剤を撒いたりしても限界がある。小便器周りの床が濡れているのは、水ではなくてオシッコですからね。

そして、そんな小便器ゾーンと地続きで大便器の個室があるから、そこにもなんとなく入りにくい。オシッコのニオイが個室の中まで漂ってくるから、落ち着いてウンコができる気がしないのだ。

それでも、少なくとも都心の大きな駅のトイレは、ひと昔前と比べればだいぶキレイになっているのは事実だ。温水洗浄便座が付いている駅トイレも増えている。やはりオシッコと地続きというのがネックなのだろうか。

しかし、それこそ商業施設のトイレなんかは、小便器と地続きであっても床がオシッコまみれでニオイがヒドイ、などということもなく、個室も快適だ。個人的なことを言えば、東京競馬場のトイレだって快適すぎるほど快適で、個室の中で競馬新聞が読めてしまうくらいである。なのに、いったいなぜ、駅のトイレは汚れてしまうのか。

駅トイレをめぐる問題は、トイレット部長に限らず長年の課題だった。国鉄時代にもたびたび「クリーン作戦」と称して駅のトイレをキレイにするプロジェクトをやっていた。

ＪＲになってから、ますます駅トイレ美化作戦は加速する。たとえば１９８８年にＪＲ東日本は「駅トイレ美化運動」を展開している。

当時の山下勇ＪＲ東日本会長は、雑誌の企画で田原総一朗氏と対談、その中で「トイレをキレイにすれば赤字はなくせる」とまで言っている。当時の駅のトイレは汚すぎて社員の奥さんも使っていない、これは国鉄が上から下までお客の方を向いていなかったことの現れ、として、キレイなトイレの実現こそ、新会社のお客第一の意思を示すことができるというのだ。

こうした方向性は他社でも同じで、たとえばＪＲ西日本も１９９０年代にはトイレ美化作戦を実施。「トイレの美しさで会社の文化度が決まる」と、こちらも意気軒昂《けんこう》だった。

当時は地方を中心にまだまだくみ取り式のトイレも少なくなかった。だから、そうしたくみ取り式のトイレを水洗トイレに改めるという目的もあった。ただ、それにしても駅のトイレをキレイにすべしという、民営化直後のＪＲ各社の取り組みは特筆すべきものと言っていい。この姿勢は、駅のトイレに限らず列車のトイレにも反映されていただろう。列車トイレの快適化がＪＲ化以降急速に進んでいった背景には、〝会社の文化度〟がかかっている大プロジェクトという意識もあったに違いない。

改善されてきたのは、トイレそのものだけではない。トイレにはつきもののトイレットペーパー。ひと昔前は、駅のトイレにトイレットペーパーは付属していなかった（トイレの前に自販機があり、そこで紙を購入することができた）。盗難が相次いだり、ペーパーをまき散らして汚したりするケースが多かったからだ。でも、いまではほとんどの駅のトイレにちゃんとトイレットペーパーが完備されるようになった。

完備されたらそれはそれで、紙が切れていたらクレームになるという悩ましい問題も抱えることになる。ＪＲ西日本では、大阪駅などのターミナル駅でセンサーを取り付けて、紙が切れそうになる前に補充するという仕組みまで構築しているという。やはり、列車の中も駅の中も、鉄道のトイレはめざましいくらいの進化を遂げているのだ。

しかし、話は戻るが駅のトイレがいまだに汚いイメージがあるのは、鉄道会社のせいなどではないことは間違いない。快適でキレイなトイレが維持できるかどうかは、使う人ひとりひとりの意識にかかっている。

たまたま入った個室が汚れていたら、悪いのは駅員さんではなくて前に使った誰かのウンコ仕草、雑なトイレの使い方で汚したせいだ。その誰かはいつかの自分でもある。文句を言うのではなく、まずは自分がキレイに使うことからはじめよう。駅のトイレもデパートのトイレもイオンのトイレも、自分の家のトイレだって、みんな同じトイレなのだ。

第4章

最新車両のウンコ処理

最新車両のおトイレ事情

ここまで、ウンコと鉄道をめぐる悲喜こもごもの物語を追いかけてきた。たれ流しにはじまって、およそ快適とは言えないトイレからいまの快適なトイレまで。他のあらゆるものと同じように、当たり前と思って使っている列車のトイレにも、いまに至るまでの先人たちによる試行錯誤の歴史が積み重なっている。

では、現時点での最終地点、最新車両のトイレはどうなっているのだろうか。

車両にトイレを設置するか否かの基準は、すでに3章でも触れた。新幹線や特急車両はもちろんのこと、普通列車でも中長距離を走る列車には原則としてトイレを設置するのが一般的だ。

なかでも新幹線・特急列車は鉄道会社にとって看板役者。だから、新製時点で最新の技術と設備を整える。トイレも例に漏れず、新しい車両ほど快適なトイレが設置されている、というわけだ。女性専用トイレや温水洗浄便座の設置有無など細かな違いはあっても、少なくとも最も新しい新幹線・特急車両に載っているものが、その時点での「最新鋭の列車トイレ」と言って差しつかえないだろう。

もちろん、新幹線や特急の車両も一度登場したらすぐに置き換えられるわけではないから、トイレが時代遅れになっている例も少なくない。もしもいつも乗っている特急のトイレがあまり快適でないとすれば、それはその車両がベテラン級であるということだ。それに、運用開始当初の和式トイレを洋式に変更するなど、ある程度のリニューアルは施されている。トイレがただ用を足すためだけの設備ではなく、お客に対する一種のサービスとして考えられているからだ。

現在の鉄道車両のトイレはもちろんすべてタンク式。まだ一部に循環式やカセット式も残っているものの、大半が真空式、もしくは清水空圧式だ。車両基地に地上設備がない場合、バキュームカーによって処理をしていたこともあったというが、現在は下水道の整備が進んだこともあって、ほとんどが地上設備を通じて汚物が処理されている。

こうして、トイレ内の環境を含めてお客や現場で働く鉄道員たちが汚物にまみれて苦労することはなくなった。そして、新しい車両のトイレは、いかにより快適なサービスを提供するかという点に主眼をおいてデザインされているのである。

特急「やくも」273系の場合

273系は、2024年春にデビューしたJR西日本の最新特急型車両だ。

特急「やくも」273系。2024年4月に営業運転を開始した

特急「やくも」は岡山〜倉敷〜米子〜出雲市間を伯備線経由で結ぶ陰陽連絡特急である。山陽新幹線が岡山駅まで達した1972（昭和47）年に気動車特急として登場して以来、陰陽連絡の主役を担ってきた。1982（昭和57）年に陰陽連絡線ではじめて伯備線が電化されると、381系電車が投入された。以来、40年以上にわたって特急やくもは381系の独壇場。それがついに、273系の登場によって置き替えられたというわけだ。現在までに、特急やくもの定期列車はすべて273系に統一された。

273系は4両編成でワンセット。トイレは1・2・3号車に設置されている。1号車（出雲市寄り）には山側に男女共用の洋式ト

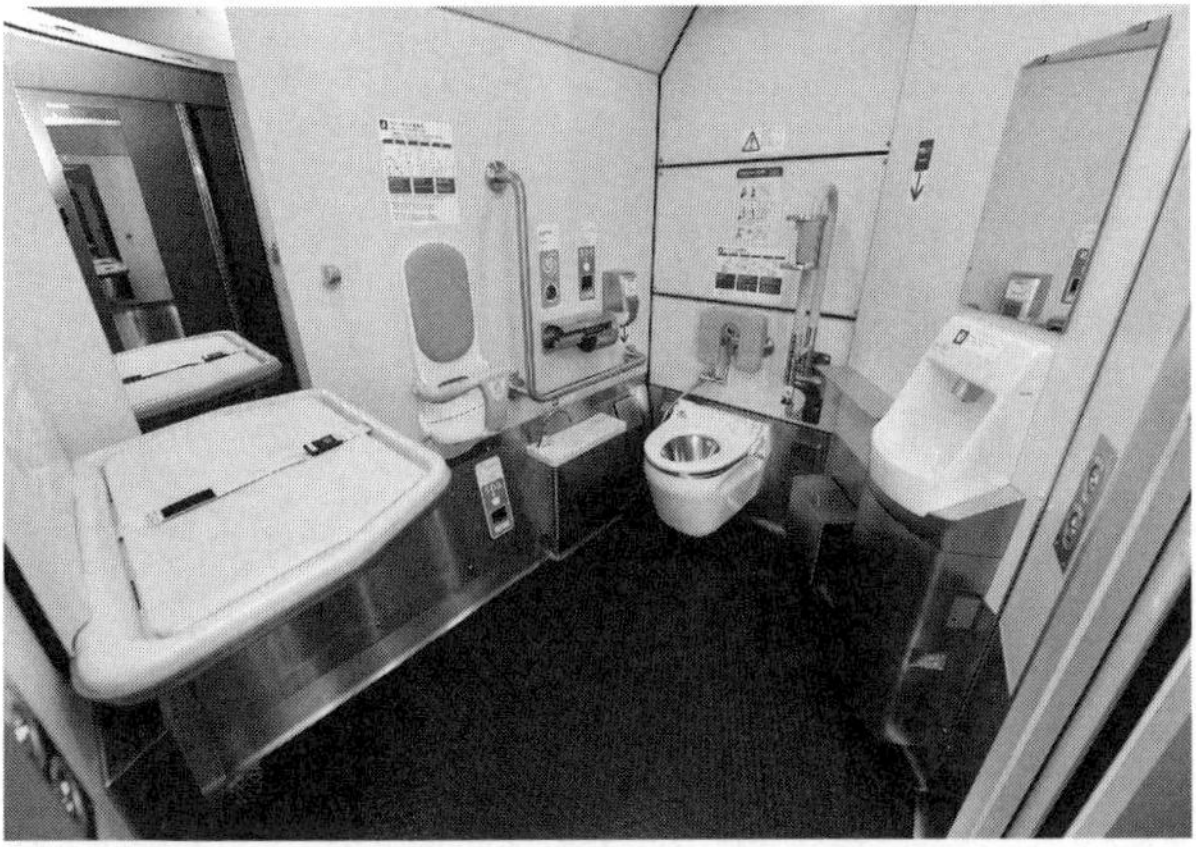

273系の多機能トイレ。利用者の立場に立って設計された

イレ、海側に小便器と洗面所。２号車も１号車と同じ配置だが、洋式トイレが女性専用だ。３号車では海側の小便器と洗面所が他と同様で、山側にはベビーシートやベビーチェア、オストメイトなどを備えた多機能トイレが設けられている（他に３号車山側には多目的室も設置）。

ちなみに、ＪＲ東日本の車両とＪＲ東海・西日本車両ではトイレの設置位置が逆になっている。東日本は海側に個室トイレが設置されているのに対し、東海・西日本は山側に。このあたりの事情はよくわからないが、古くからの慣習的なものなのだろう。

特急やくも２７３系のトイレについて、担当者に話を聞くことができた。話してくれたのは、ＪＲ西日本鉄道本部車両部車両設計室の鶴岡誠治課長だ。
鶴岡さんによれば、２７３系のトイレでいちばんのポイントは多機能トイレだという。
「多機能トイレは中で大型の電動車いすが回転するスペースを確保するため、円弧状になっています。円弧状のトイレは２７３系以前でも、２７１系はるかなどでも採用しているのですが、２７１系にはオストメイトなどは整備されておらず、最新の形となると２７３系になります」（鶴岡さん）
鉄道車両に限らず、公共施設のトイレは国土交通省がバリアフリーのガイドラインを定めており、その基準にあわせて設計されることになる。車いすが通ることができるように、通路の幅から何から、すべて細かく決まっているのだ。
「障がいの状況によって、動ける範囲というのは変わってくるんですよね。車いすでまっすぐ入ってそのまま便座に乗り移れる人もいるし、回転しないとできない人もいる。こうしたことは、直接聞いてみないとどうしてもわからないところが多いんです」（鶴岡さん）
そこで、障がい者を多く雇用しているＪＲ西日本のグループ会社に足を運び、利用する立場の意見を聞いたという。
「話を聞いてみると、やはり私たちが思っているのとは違う、気がつかないところがけっこうありました。たとえば、トイレットペーパーのホルダー。普通は便座の脇の壁に設置されているのですが、それだと使いづらいという方もいるんです。なので、２７３系では便座の両サイドにペーパーホルダーを設置しています。不自由な部分は人それぞれなので、左右どちらかだけではダメなんですね。同様に、トイレ内の扉開閉ボタンも、これまでは左側だけに設置していたところを左右両方にしています。また、以前は完全に開かないと閉められなかったのですが、２７３系では開いている途中でも閉められるように制御を変更しました」（鶴岡さん）

他にも車いすでの出入りに使う鏡など、パッと見ではわからないようなマイナーチェンジを多数施している。細かいところではあるけれど、そんな小さな工夫が車いすの人たちの利用しやすさの改善につながっているのだ。

「細かいアイデアをいろいろ出しながら、ご意見をうかがいながらやってきたので、完成して喜んでいただけたときにはうれしかった。印象に残っていますね」（鶴岡さん）

ただ、２７３系の多機能トイレほどの設備になると、列車内で相当なスペースを確保しなければならない。通路が一直線ではなくS字を描いているのも、多機能トイレが円弧状だから。限られたスペースでこうした設備を実現するのは簡単なことではない。

「一般的なトイレに加えて、少し広めのトイレをつくるというのは681系のプロト車（先行試作車）からやっています。レール方向にちょっと長く、縦長にしています。全体的にちょっと広いよ、というくらいではあるんですが、とにかく車いすが入ればいいというところから。そこから社会の変化にあわせて対応を進めていって、こういう形になりました。スペースについても、中で旋回できるのはもちろん、出入口からも車いすでアクセスできるように寸法を確保しないといけない。そうなると、従来の設計だと洗面台が支障する。なので洗面台の向きを変えて通路幅を確保したりと、かなりいろいろやっています。現時点でも通路幅はいっぱいいっぱいくらいですね。かなりシビアな配置設計になっているんです」（鶴岡さん）

273系は、従来の381系「やくも」と比べると座席数をかなり絞り込んでいる。それは、ゆとりのある旅をしてもらいたいという設計思想から導かれたものだという。そして、同時にデッキのスペースも拡大され、充実した多機能トイレの設置も両立させたというわけだ。

もちろん営業面だけを考えれば、少しでもたくさんのお客が乗れるようにするほうがいいことは間違いない。新型車両は想定するターゲットを踏まえて設計される。その点、陰陽連絡のやくもはビジネス需要もさることながら、観光客の利用が多いことも見込まれる列車だ。そうした事情が、座席数の減少や多機能トイレの拡充につながっているのだろう。

ＪＲ西日本のトイレ

バリアフリー設備という点を含め、２７３系のトイレは現時点での列車トイレの〝最先端〟と言っていい。しかし、実はこの２７３系には、温水洗浄便座は付いていない。ＪＲ西日本では、車両ごとにサービス内容を検討して設備を決定しているといい、現在では多くの車両に温水洗浄便座は設置されていない（いわゆるウォームレット、暖房便座は多くの車両に設置されている）。数少ない例のひとつが、特急サンダーバードだ。

「北陸新幹線が金沢まで延伸したタイミングで、新幹線と続けて乗車するお客さまも多くなることを踏まえ、サンダーバードの価値魅力の向上ということで、多目的トイレとグリーン車のトイレに温水洗浄便座を入れました。一方で、温水洗浄便座は清水を使うため、その使用量や管理という課題があります」（前出の鶴岡さん）

このあたりは、鉄道会社ごとの個性が分かれるポイントなのだろう。

ここで同社がどのように列車内のトイレを整備してきたのかを見ていこう。

「サンダーバード」は新幹線金沢延伸時に温水洗浄便座を採用

JR西日本の在来線ではじめて洋式トイレが入ったのは、1992（平成4）年に登場した681系のプロト車からだ。以後、同社の特急車両のトイレは原則としてすべて洋式トイレになっている（夜行列車サンライズ用の285系では和式トイレを一部で設置、のちに洋式に改造している）。

「国鉄時代から継続して使用していた381系なども、のちにすべて洋式化しています。1990年代半ばまでは、まだ世間的には洋式と和式が混在していた時代でしたから、和式を求める声もあったとは思います。サンライズ以外でも、500系新幹線では1両に2カ所あるトイレのうちひとつが和式で、和洋混在の時期がありました」（鶴岡さん）

　普通列車でも、特急列車と同じように国交省のガイドラインに応じてトイレの設置を進めてきた。３章で触れた通り、中距離を走る車両や中国地方を走る車両には、最低でも１編成に１カ所のトイレを置いているという。
「京阪神エリアで使用されるロングシートの通勤タイプの車両は列車本数が多く乗車時間も短いので、トイレをつけていません。たとえば大阪環状線用の車両にはトイレがない、ということになります。ただし、東京の山手線とは違い、大阪環状線には他線区からの車両が乗り入れてくるので、トイレがある車両も入ってきています」（鶴岡さん）
　普通列車は特急と比べて洋式トイレの導入が遅れている。ＪＲになって最初に投入した新快速用２２１系は和式トイレ。１９９８（平成10）年に投入された２２３系２０００番台から、洋式トイレになっている。
「それまでのトイレは、１１３系や１１５系という国鉄時代からの車両に入っていたものと同じトイレを取り付けています。２２３系２０００番台からは移動制約者でも使いやすい車両を設計していくという思想でやっていまして、洋式トイレとともに車いすにも対応するようになりました。２２３系２０００番台以降はそれが標準になっています。従来の和式トイレの車両も、すべてリニューアル工事の際に洋式化しています」（鶴岡さん）

洋式トイレは、しゃがんで用を足すことが難しい高齢者にとって優しいトイレという側面がある。つまり、トイレの洋式化はバリアフリー化の一環という見方もできるのだ。2000年前後から普通列車を含めて洋式トイレが定着したのは、バリアフリー対応を求める時代の要請も関係していたのだろう。

次に汚物処理の方法だが、JR西日本では多くは真空式を採用している。273系「やくも」のトイレも、もちろん真空式だ。

「ただ、古い車両ではまだ循環式やカセット式も残っています。真空式や循環式では、抜き取りに地上設備が必要なので、車両基地にそれがない場合はカセット式を使うしかなかった。カセット式ならば、固形物を容器にためてそれをそのまま入れ替えるだけなので、地上設備が必要ない。以前は新快速にもカセット式を使っていたことがありました。現在では新製車両にはカセット式も循環式も使っていません」(鶴岡さん)

話を聞いた鶴岡さんのように車両部で働く、いわば車両のエキスパートは、車両基地で現場の作業に従事することもある。鶴岡さんは、若い頃に経験したちょっとしたエピソードを打ち明けてくれた。

「カセット式が残っていた職場では、トラックで運ばれてきた予備のカセットをリレー方式で取りおろしたのを覚えています。また、車両のトイレが詰まってしまってどうにもならないことも。上からガシャガシャ押してもダメで。トイレットペーパーが詰まったくらいならば、上から押していくとなんとかなるんですが、そのときは股引が詰まっていたんです。そうなると、車両をメンテナンスしている社員が対応します。トイレ使用中止で長時間走らせるわけにはいかないので、トイレ不具合で車両を交換することも実際にありま す。たれ流しの時代には穴がぽっかり空いているだけで、詰まったり故障するようなことは少なかった。いまはトイレもメカですからね」（鶴岡さん）

２章でみた新幹線の例でもそうであったように、車両の運用計画の中には車両基地での汚物抜き取り作業も織り込まれている。車両基地の中でも、汚物抜き取り設備を持っている留置線は限られており、そこに入線して処理をすることを事前に計画しているのだ。

また、新しい車両を設計する際も、その車両がどれくらいの区間を走るのかを想定し、汚物抜き取りのペースも踏まえた上で汚物タンクや清水タンクの容量が決まってくるという。抜き取りはどこでもできるわけではないので、どうしても車両運用上の制約になってくる。

「走行中に汚物タンクが満水になるとか、清水タンクが欠水になるということはないよう、運用計画に応じて設計しています。車両の設計上、どうしてもタンクは面積を取るので、そこに苦労するというか、設計のせめぎ合いが出てくる。たくさんタンクをつけられたら良いんですが、そういうスペースはないので悩ましいところです。ただ、いまでは昔と比べれば流す水の量はかなり少なくて済むようになってきています」（鶴岡さん）

なお、小便器と個室トイレの洋式便器の排泄物は余すことなく汚物タンクにためられるが、洗面所で手を洗ったときの排水は汚物タンクではなく、そのまま車外に排出するようになっている。

ＪＲ西日本では、「ＴＷＩＬＩＧＨＴ ＥＸＰＲＥＳＳ 瑞風」という豪華クルーズトレインも運行している。当然「瑞風」にもトイレは設置されているが、こちらはどのようなトイレなのだろうか。

「瑞風」も、トイレの構造は基本的に一般的な車両と変わらない。ただ、温水洗浄便座を採用しているほか、意匠面でも列車のブランドイメージに合うように一般車両のトイレと差別化している。浴槽やシャワーなど客室内の水回りに組み込まれるため、湿度が高くなっても故障しにくいような工夫も施しているという。これもまた、限られたスペースにトイレと汚物・清水タンクを搭載し、それでいて故障による使用中止の事態を防ぐ必要性によ

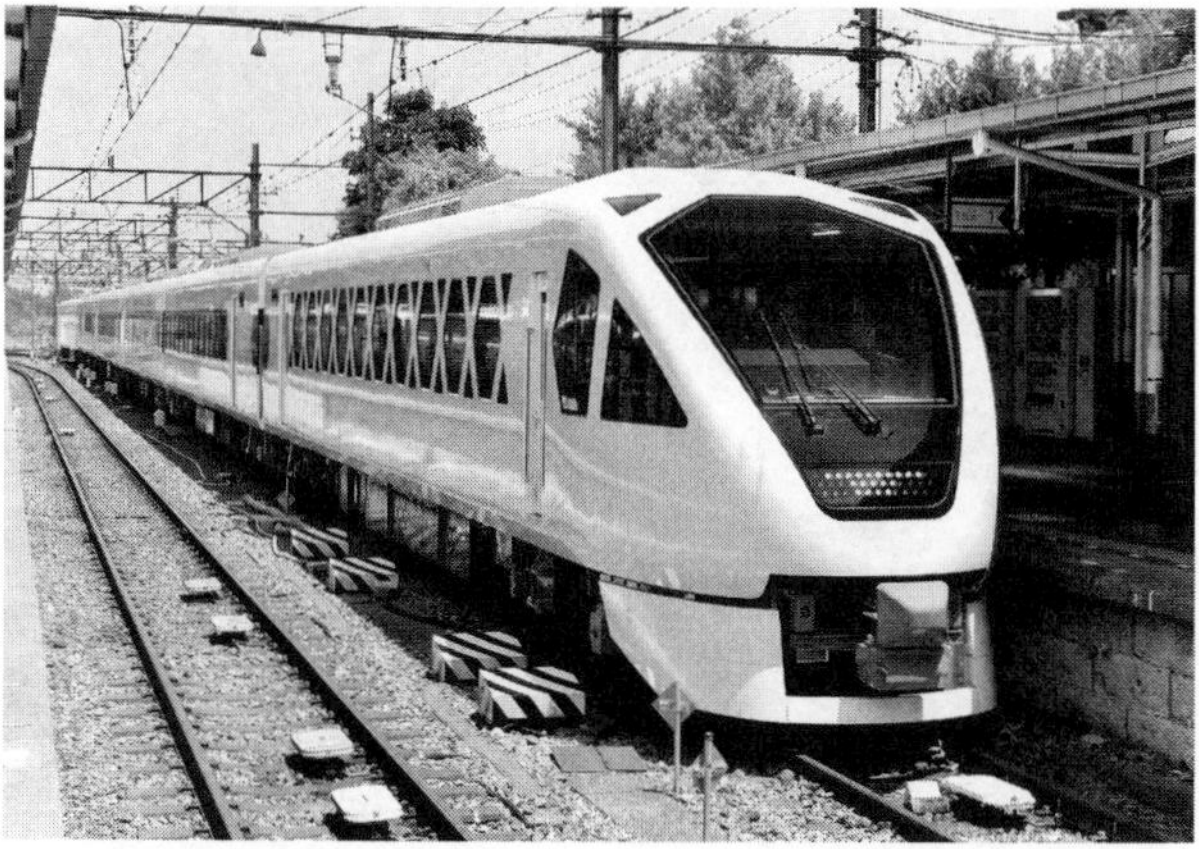
日光や鬼怒川を走る東武特急「スペーシアX」。2023年にデビュー

るものなのだろう。

たかがトイレ、されどトイレ。真空式の登場によって使用する洗浄水の量が少なくなり、ある意味では〝完成形〟に近づいた。それでも列車の中にトイレを積んで走るのは、簡単なことではないようだ。

東武鉄道「スペーシアX」の場合

もうひとつ、具体的な例を挙げよう。

2023年7月に登場した、東武鉄道の「スペーシアX」(N100系)だ。ターミナルの浅草から日光・鬼怒川方面に向かう、東武鉄道のフラッグシップと言っていい、特急車両である。

6両編成のスペーシアXは、〝走るスイート

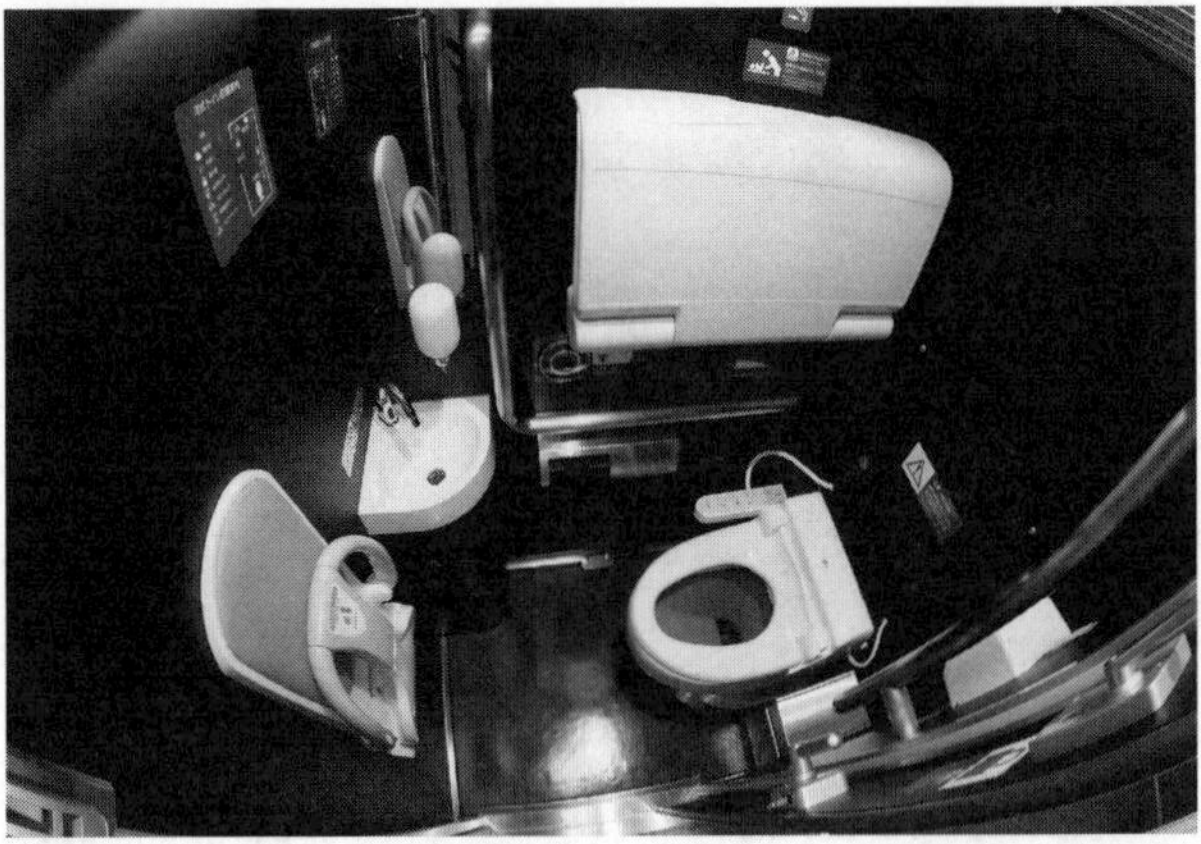

東武鉄道「スペーシアX」のバリアフリートイレ　写真提供＝東武電鉄

ルーム〟がコンセプト。コックピットスイートやコックピットラウンジなどは、きっぷ発売と同時に売り切れるほどの人気を博している。

スペーシアXのトイレは2カ所。浅草寄りの5号車にバリアフリートイレと男女共用洋式トイレ、男性用小便器、2号車に男性用小便器と男女共用の洋式トイレが設けられている。

「スペーシアXのトイレは、基本的に特急リバティのトイレを踏襲しています」

こう教えてくれたのは、東武鉄道の鉄道事業本部技術統括部車両部車両企画課の工藤鳳人さん。「リバティ」（500系）は、2017年に運用を開始した車両で、東武鉄道にとって200系以来26年ぶりの新形特急車両だった。

「リバティ」のトイレが「スペーシアX」にも踏襲された

「デザインや内装はスペーシアXの意匠にあわせて変更していますが、機能としてはまったく同じです。リバティを運用する中で、トイレについては特にご意見をいただいていなかったので」（工藤さん）

リバティは1編成3両固定（6両編成で運転されることが多い）。トイレは1編成に1カ所で、2号車に男性用小便器・男女共用洋式トイレ・バリアフリートイレの組み合わせで設置されている。6両編成で運転する場合は6両にトイレが2カ所ということになり、スペーシアXと基本的には変わらない。

現在、東武鉄道ではリバティとスペーシアXのほかに、1991（平成3）年デビューの200系も特急車両として走っている。200

東武鉄道200系。1990年代製造の車両で、まだ和式も残っている

系は1990年代前半の車両なので、汚物処理は循環式、いまでも一部で和式トイレが搭載されているという、いわば一時代前の〝列車トイレ〟の車両である。つまり、東武鉄道は最新のトイレと一時代前のトイレが共存しながら同じ線路を特急列車として走っているという、なかなか珍しい鉄道会社なのだ。

「200系のトイレは、基本的に新造当初のままです。日光線特急は外国人観光客の需要があるので、デラックスロマンスカーの時代から和式だけでなく洋式トイレも入れています。200系では、和式を洋式に入れ替えることもしていません。変更したのは、初期の200系で車いすの方がご利用いただけるように改修して洋式化したくらいです」(工藤

さん）

２０１７（平成29）年のリバティからは、その時点で充分なバリアフリー設備を整えたトイレを設置し、温水洗浄便座も導入した。私鉄ながら多くの特急を運行する東武にとって、特急車両は同社の最高峰の車両と言っていい。だから、その時点で最も設備の整ったトイレを設置するのは当然のことだったのだ。

ただし、細かい点に目を向ければ、いくらか変更した点もあるという。トイレットペーパーホルダー、便座クリーナーや標記類などだ。また、男性用小便器の〝的〟だ。

「リバティには的を付けていたんですが、スペーシアXではやめました。他にも、小便器の扉の小窓もリバティの透明から変更し、薄い曇りガラスにしていま

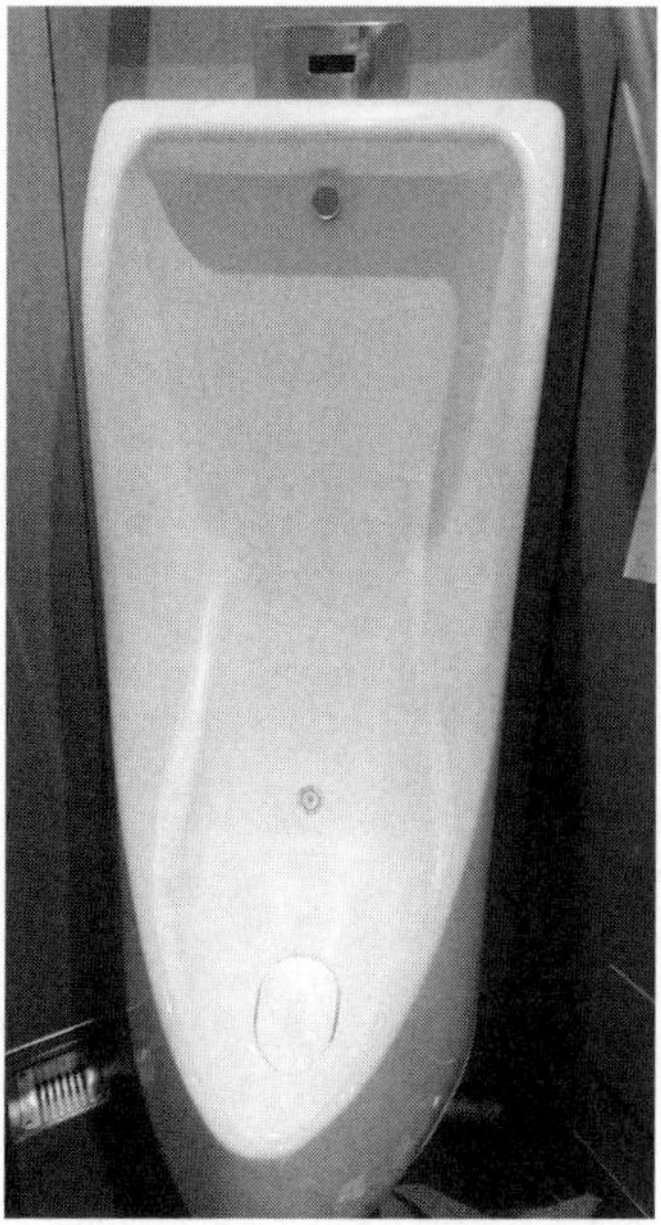

リバティの小便器。「的」がある
写真提供＝東武鉄道

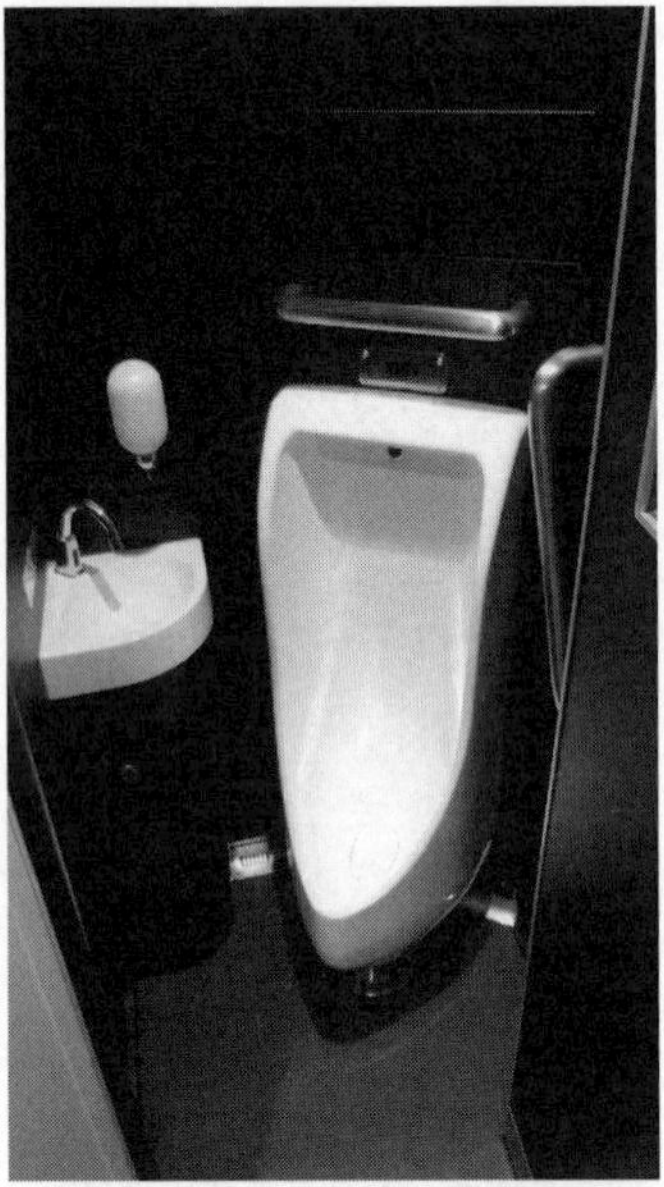

スペーシアXの小便器からは「的」が消えている
写真提供＝東武鉄道

す。女性社員からの『用を足している男性の背中が見えるのに違和感を覚える』という意見を取り入れたものです。向こう側に人がいることを認識できる程度には留めていますが、用を足している姿が生々しく見えないように、という配慮ですね」（工藤さん）

男性同士ならば、赤の他人がオシッコをしている後ろ姿が見えても何も思わない。いつも駅のトイレなどで慣れ親しんだ光景だからだ。が、女性にとってはオシッコ中のおじさんの背中を見る機会など、列車の中でしかあり得ない。ちらりと目に入るだけでも、気持ちの良いものではないだろう。こうしたところにまで配慮が行き届いているあたり、観光需要に応えるフラッグシップ車両の面目躍如といったところだろうか。

「スペーシアXでは、トイレの機能に関する議論は少なめでした。温水洗浄便座もいまでは珍しくなっていますし、バリアフリートイレにベビーチェアやチェンジングボード（着替え台）、オストメイトがついているのも普通になっている。車いすの方がご利用しやすい設計も標準です」（工藤さん）

スペーシアXは基本的に一日に３運用。春日部の車両基地から出発して、夜に再び車両基地に戻ってくると、そのたびに汚物を抜き取っている。東武鉄道の汚物抜き取りは、春日部や南栗橋といった車両基地のほか、東武日光駅の構内でも可能だという。

観光輸送が主体という特徴、また車内にカフェスペースを設けていることなどもあって、トイレの使用頻度が多くなりやすい。リバティのデビュー直後には混雑もあってタンクが満タンになってしまったそうだ。車庫に戻らず、東武日光駅でも汚物抜き取りができるようにすることで、車両の運用効率を高めているのだろう。実際に、東武日光駅で列車が折り返すまでの間に給水作業をすることもあるという。

東武鉄道のトイレ

東武鉄道のスペーシアXやリバティに採用されている汚物処理装置は、清水空圧式だ。この方式は、ＪＲ東日本の新幹線のほか、西武鉄道の特急ラビュー００１系、近鉄特急ひのとり80000系などに採用されている。私鉄特急に愛される汚物処理なのだろう。
「車両の床下はどうしてもスペースに限りがあるので、タンクを大きくすることができないんですよね。スペーシアXでは、汚物タンクが580ℓ、清水タンクが400ℓのものを積んでいます。汚物タンクにためるのは洋式・バリアフリートイレと男性用小便器の汚物です」（工藤さん）
2章でも紹介したが、小便器は列車トイレだからといって特殊な構造ではなく、重力による自然落下に任せている。洋式便器には臭気対策でフラップをつけたり、高圧洗浄水を噴射するために水を加圧したりする仕組みがあるが、小便器はいわば〝そのまま〟だ。だから、1回の洗浄で小便器は300㎖。洋式トイレが280㎖なのと比べて、やや多くなっている。ウンコをするよりオシッコだけをするほうが洗浄水が多いというのも、列車トイレならではだろう。
「200系ではまだ循環式トイレが残っています。それより前にさかのぼると、初期にはたれ流しのトイレもあったようですね。古い資料には都内区間に入ったらトイレ使用を禁止するといった記録がありました」（工藤さん）
いまは東武鉄道での運用はなくなったが、普通列車用の6050系もトイレを設置していた。200系でも和式トイレを採用しているように、6050系も和式トイレだった。駅のトイレも同様で、以前はほぼすべて和式トイレ。公衆トイレは和式がいいという時代だったのだろうと、工藤さんは推察する。

「便座に座るのが敬遠されたからだと思いますよ。東武では日光への観光輸送があったから和式だけでなく洋式も載せていましたが、主流は和式でした。徐々に洋式を望む声が出てきて、リバティからはすべて洋式になっています。200系には、洋式トイレの便座に巻き取り式のビニールをかぶせる装置がありました。使用後にボタンを押すとぐるっと回って新しいビニールが移動してきて、その上に座れば清潔、という仕様です。ただ、それも故障が多くて、便座クリーナーに変えています」（工藤さん）

このあたりも、和式派と洋式派がせめぎ合っていた時代ならではのエピソードだ。

最新のスペーシアXやリバティのトイレには、ちょっとした課題があるそうだ。

「バリアフリートイレは開閉ボタンを押して扉を閉めても、それだけではカギはロックされず、改めてロックしないとカギがかかりません。その旨は表示と音声で注意表記しているのですが、ロックしないで用を足してしまう。そんなケースがたびたび起こっているようです。また、非常ボタンを間違えて押してしまうことも。トイレ内の非常ボタンを押すと、列車も緊急停止するんです。体調が悪くなったら迷いなく押していただきたいですが、間違えて押さないように気をつけていただけると助かります」（工藤さん）

東武鉄道のバリアフリートイレも、国交省のバリアフリーガイドラインに基づいており、基本的な設備は他社のものと変わらない。手洗いの洗面台は普通の人が使う高さのものと、それより低い位置のものと2カ所に設置。また、非常ボタンは万が一トイレ内で倒れ込んでしまったときにも押せるよう、床近くにも設けられている。

今後登場する鉄道車両では、こうしたバリアフリートイレが標準的に設置されるようになっていくのだろう。

列車トイレとバリアフリー

特急やくも273系やスペーシアXに限らず、近年の鉄道のトイレ、はたまた公共施設のトイレを考える上で、〝バリアフリー〟は避けて通れないポイントになっている。

バリアフリートイレは、1970年代頃から「車いすでも利用できる公共トイレ」という発想からはじまったとされる。鉄道の世界でも、1970年代後半には名古屋駅に身体障がい者でも利用できるトイレが設置されている。そのトイレはカギのかかった待合室の中に設けられ、使用したいときは駅長室に申し出る必要があったという。駅員さんにカギを開けてもらってようやく使うことができた、というわけだ。

およそバリアフリーとは無縁だった鉄道に、車いすでも利用できるトイレが1970年代から設置されていたことは画期的と言っていい。内部もかなり立派な設えになっていたようだ。

しかし、当時はまだまだ障がい者に対する風当たりが強かった。名古屋駅のトイレを設置直後に視察した八代英太参院議員は、「立派すぎる、こんなものを作るからカギが必要になる」とコメントしている。

のちに郵政大臣などを歴任した八代議員は、テレビタレントとして活躍していた1973（昭和48）年に舞台から落下して障がいを負い、車いす生活を余儀なくされていた。だからこそ名古屋駅の障がい者用トイレを視察したのだろうが、それにしてもつれないコメントではないか。

このニュースを報じた当時の『週刊新潮』は、「身障者用の便所を作れ、バスを作れ……その他、身障者からの要求がどんどんエスカレートしている昨今だけれど、総工費2億円、と聞けば、泣きたくなる納税者も少なくあるまい」と書いている。現在の価値観ではおよそ許されなさそうな主張だが、まだまだバリアフリーという言葉もなかった時代のことである。

3章で触れた女性専用トイレもそうだが、人間の営みの中で最も原始的で、最も避けられない排泄行為の場であるトイレは、その時代特有の価値観がむき出しになる場でもあるようだ。

1970年代からこうした若干の動きはあったものの、本格的に車いすで使えるトイレが広まるのは1990年代になってからだ。

最初のきっかけは、1994（平成6）年に制定されたハートビル法。ついで2000年には交通バリアフリー法が制定され、交通機関のバリアフリー化が求められるようになった。同法公布直前の2000（平成12）年2月には、JR東日本が長野県内の篠ノ井線や大糸線、中央線などに車いすでも利用できるトイレを設置した車両の運用を開始している。それまでトイレのなかった車両に新設するにあたり、車いす対応にしたものだ。

そのトイレは、奥行きを従来の1・2mから2mに広げることで、車いすの出入りを可能にしている。加えて、洗面台の高さを低くしたり、緊急時の警報器を設置したりと、現在の多機能トイレに通じる機能を備えた。列車内の多機能トイレの原点と言っていい。改修費用には約1000万円要したという。

交通バリアフリー法は2006（平成18）年にハートビル法と統合されて、現行のバリアフリー新法となる。いずれも趣旨は明確で、高齢者や障がい者、また乳幼児連れなども対象に、誰でも利用できる公共環境の整備を求めたものだ。2018（平成30）年・2020年には東京オリンピック・パラリンピックを控えて二度改正。現在では公共施設に一定の義務として多機能トイレ、バリアフリートイレの設置が必要になっている。

国土交通省は、同法に基づいて建築物のバリアフリー設計方針（ガイドライン）を設定。鉄道車両もそれに基づいて設計されている。

2021年2月にはガイドラインが改定され、それまでは多目的トイレ・多機能トイレと通称されていたトイレを「バリアフリートイレ」と呼称するよう通達されている。多目的、多機能という言葉が誤って解釈され、結果としてバリアフリー設備を必要とする人が使えない状況が多発したからだという。言われてみれば、多目的・多機能と呼ばれていたらどんな人でも使えるというイメージを抱く。バリアフリートイレの要諦は、高齢者や障がい者、人工肛門などを利用している人、また乳幼児連れの人などが介助者を含めて安心して利用できるトイレということにある。間違っても「誰でも自由にいろんな目的で使えるトイレ」ではない。

この改定を受けて、以前は多機能トイレ、だれでもトイレなど事業者によって呼称が分かれていた駅のトイレも、通達通り「バリアフリートイレ」に共通されつつある。列車内のトイレも、「バリアフリートイレ」と称する例が増えた。ただ、列車内のトイレは駅のトイレとは異なり、限られたスペースにひとつかふたつの個室が設けられているに過ぎない。1編成にひとつしかトイレがない普通列車などでは、それがバリアフリー設備を備えている。だから、列車内ではバリアフリートイレだからといって利用をためらう必要はなさそうだ。もちろん、高齢者や障がい者、乳幼児連れなど、優先される人がいたら譲りましょう。

男女共用か、それとも男女別か

列車のトイレが、かつての男女共用から徐々に男女別（つまり女性専用の設置）になってきたことは、3章でも触れている。女性客が快適に列車を利用できるようにするためのサービス向上といった目的で、1990年代以降設置が増えてきたのだ。その背景には、女性の社会進出という事情もあったに違いない。

実際、女性陣に話を聞いてみると、女性専用トイレはやはりありがたいという。トイレに行こうとデッキにやってきたら、ちょうど見知らぬおじさんがトイレから出てきた、なんてことになると、すぐに入るのはちょっと遠慮したい気持ちになるそうだ。

見知らぬおじさん側の立場でも、ちょっと気まずい。列車内のトイレだけでなく、喫茶店や居酒屋などにも男女共用のトイレをよく見かける。そんなトイレから出てきたとき、扉の前で女性が待っていると、別に悪いことをしたわけではないのになんだか申し訳なくなってしまう。女性専用のトイレがあったほうがいいということは間違いなさそうだ。

ところが、実はバリアフリー新法によるガイドラインには、２０１６（平成28）年から「男女共用トイレ」の概念が登場している。２０１８年には標準案内用図記号（ピクトグラム）ガイドラインにも男女共用トイレが加わった。

これは、性的マイノリティを念頭に置いたものだ。加えて、高齢者や障がい者、乳幼児をはじめとする子どもとの同伴利用も想定されている。

性的マイノリティを念頭に置いた男女共用トイレというと、２０２３年に東急歌舞伎町タワー内に設置されたジェンダーレストイレが思い浮かぶ人も多いかもしれない。このトイレは、女性用個室の前を男性がうろつくなどトラブルが相次いで抗議が殺到、わずか４カ月で廃止されている。

東急歌舞伎町タワーのケースでは、男性用の小便器も個室も、また女性専用の個室もジェンダーレスの個室も、すべて手洗い場まで共用だった。だから、男性でも堂々と女性用の個室の前まで行くことができた。このことが女性利用者の忌避感を招いた面は否めない。また、日本有数の歓楽街である歌舞伎町という立地も、ジェンダーレストイレの先行例としてはふさわしくなかったのかもしれない。

東京都のユニバーサルトイレのガイドラインでは、さまざまなタイプのトイレ機能を分散配置することで、すべての人が気兼ねなく利用できるよう求めている。少なくとも、今後は男女別トイレやバリアフリートイレに加えて、男女共有トイレの設置が増えていくことは間違いないだろう。

その点、鉄道である。

鉄道車両のトイレは、伝統的に男女共用が原則になっていた。新幹線を中心に女性専用トイレの設置が進んだいまでも、女性専用トイレは共用トイレとワンセット。男性専用は小便器だけで、男性専用の個室は設けられていない。共用トイレは、男性でも女性でも、もちろん性的マイノリティであっても、第三者の視線を気にすることなく誰でも使うことができるトイレだ。

　また、駅を含めた公共施設や商業施設のトイレでしばしば課題になる、個室数格差の問題も、列車内のトイレにはほとんど存在しないと言っていい。

　男性と女性、それぞれが使用できる個室の数は、男性が1室、女性が2室。女性専用と共用のトイレがひとつずつあるから、結果的に女性の使える個室が多くなる。傍らには男性用小便器があるから、男性サイドからの不満も出ない。

　実は、列車のトイレこそ、〝多様性〟という観点からも最先端なのかもしれない。

……などと胸を張ってしまったが、鉄道のトイレの配置は多様性を尊重したから生まれたわけではないことは明白である。そもそも、はじめて列車内にトイレが設置されてからというもの、男女共用が当たり前。いまでも小便器1、個室2でワンセットというのは、単にスペースに余裕がないからだ。

　仮に1両まるごとの「トイレ専用車両」が存在するならば事情も変わってくるだろうが、おそらくそんな車両が生まれることはない。バリアフリートイレに求められる要求水準は年々上がっており、スペースの制約はむしろ厳しくなるばかりだ。男女共用も女性専用も姿を消し、バリアフリートイレひとつと小便器だけの組み合わせが標準になる時代もやってくるかもしれない。

とはいえ、鉄道車両のトイレの配置は、これから拡充が見込まれる、多様性の時代の男女共用トイレの配置にも、何らかのヒントになるのではないかと思う。まずは、列車内という実に限られたスペースで苦労しながらトイレを設置してきた鉄道会社から、範を示してもらいたいと思うのだが、いかがだろうか。

トイレは望まれぬ事件の舞台にも

アガサ・クリスティのミステリー小説などを例に挙げるまでもなく、列車内は巨大な密室だ。多くの人が顔をつきあわせて乗り合わせているから、密室であると同時に公共スペースとしての側面もある。そして、その公共の密室の中にあって、トイレは〝個の密室〟である。だから、決して褒められないような事件やトラブルも起きている。

大正時代の新聞には、列車トイレのカギが壊されていることが多いという内容の読者投稿が掲載されている。トイレで用を足している女性に対し、よろしからぬことをするためにカギを破壊する輩がいる、というのだ。100年前からそんな有様なのだから、残念ながら同様のトラブルはいつの時代も絶えないと言える。

暴力的な事件もあった。たとえば、1963（昭和38）年には老社長が列車内のトイレに閉じ込められて殴る蹴るの暴行を受け、金品が奪われている。1998年には北陸新幹線の車いす対応トイレの中から発砲、銃弾が女性専用トイレを貫いて車外に飛び出した、などというおっかない事件もあった。

1960年代後半には、修学旅行列車のトイレ内で女子高校生が出産。当時のトイレは開放式だったので、線路に生まれたばかりの赤ちゃんが転がっているのが見つかったという。これまたとんでもない出来事である。このときの赤ちゃんは幸いにして命に別状はなかったようだが、同様の事例で命を落としたケースもあったようだ。

重たい例を挙げたので、もう少しポップな例を。開放式、たれ流しの時代には、現金をウンコと一緒にトイレから車外に落としてしまう珍事件がしばしば起きている。すべからく現金主義だった当時、地方の商売人が上京して取引をするときは、腹巻きにお札を挟んで列車に乗ることが多かったという。そこでトイレに行ってズボンと下着を下ろしたとき、お札も一緒に……。次の駅で降りて慌てて取りに戻り、線路周りに飛散していたお札をかき集めた、などという話が残っている。たれ流し時代ならではのエピソードだ。

比較的新しいところでは、トイレに籠もっている間に終着駅に到着、それどころか列車が客をすべて降ろし（たと思い込んで）、車庫に向けた回送運転をはじめてしまったこともあった。そこで慌てた乗客が非常ブレーキをかけてしまい、列車のダイヤが乱れてしまったそうだ。

もっと記憶に新しい事件は、新幹線で車掌にマスクの着用を求められたがそれを拒絶、トイレに居座って抵抗し、最後は警察官が出動したトラブル。あえて論評することは避けるが、まあなんとも言い難いものがある。

このように、重いものから軽いものまで（と言っても張本人や影響を受けた人には軽くもなんともないでしょうが）、列車のトイレは〝何かが起きやすい〟場所でもある。具体的な作品名は覚えていないが、護送中の犯人がトイレから脱走した場面を、古い映画か何かで見た記憶もある。

いざとなれば、巨大な密室である列車の中で、さらに立て籠もることができる場所でもある列車内のトイレ。悪用しようと思えばできなくもないスペースでもあるのだ。少なくとも現状は、性善説というべきか、トイレの中に監視カメラの類いは付いていないようだ。急なトラブルに見舞われたら、非常ボタンを押せば車掌が駆けつけるなど何らかの対応をしてくれる。ただ、これからトラブルが増えるようなことになると、監視カメラに見つめられながらウンコをする、なんて時代が来てしまうかもしれない。

すでに、こうした波は駅のトイレから押し寄せている。無人駅のトイレが何者かに汚されたり壊されたりするため、トイレそのものを閉鎖するという例が散見されるのだ。サービス低下なのは間違いないところだが、悪いのは鉄道会社ではなくいたずらをした輩。自分勝手な振る舞いは、まったく思いも寄らぬところに影響を及ぼすのだ。

筆者は一度、新幹線に乗っていたときに、デッキ方面がざわついている場面に遭遇したことがある。どうやら、長い時間トイレから出てこない先客がいて、それに怒ってドア越しで怒鳴っている人がいたらしい。小さなトラブルかもしれないし、先客は相当な事情があってトイレから出られなかったのかもしれない。

だが、いずれにしても列車のトイレはみんなが使うみんなのトイレ。他の人のことを考えて、譲り合って優しい気持ちでキレイに使うことが肝要だ。もしも誤って汚してしまったら、そのときは知らんぷりせずに車掌さんなど乗務員に伝える、というのも大事な配慮だろう。

最後に、新幹線の車掌をしていたことがある人から聞いたエピソード。車掌さんはもちろんトイレを含めて車内を巡回して歩いているのだが、トイレの火災報知器が鳴動することが時折あるそうだ。原因は、火事ではなくてトイレで誰かがタバコを吸ったこと。列車のトイレの火災報知器は、一般家庭や商業施設などの火災報知器とは比べものにならないほど敏感だ。タバコの煙は、すぐにキャッチされる。

目的地に到着するまでガマンできなかったのだろう。ウンコはガマンしなくていいけれど、列車の中でタバコはガマンしましょうね。

おわりに

150年にわたるトイレと鉄道の物語、いかがだっただろうか。

トイレは、特別な場所だ。

どんなに開けた公共の場であっても、トイレの個室に入ればひとりになれる。職場や学校、列車の中。家庭であっても、便座に腰掛けたらそれだけでいっぱいになるくらいの狭くて閉ざされた空間に、居心地の良さを感じる人も少なくはないはずだ。

そして、このトイレはすべての人に平等だ。年齢も性別も、お金持ちでも貧乏人でも、偉い人も泥棒も。トイレばかりは、誰かに代わってもらうことはできない。新幹線のグリーン車やグランクラスでふんぞり返ってくつろいでいたって、オシッコやウンコがしたくなったらデッキのトイレに駆け込んで、誰もが同じような姿形で排泄をするのだ。

だから、トイレは最も人間の本質が現れる場所なのではないか。

女優・エッセイストの高峰秀子は、1961（昭和36）年の『週刊公論』に「わたしのトイレット民主主義」と題するエッセイを寄せている。その中で、「トイレというところはそれだけ人の姿が赤裸々に現れるということでしょうか」と述べている。最も暮らしに結びついた密室だから、幼少期の思い出から何から、あらゆるものがトイレの個室の中には詰まっている。人から見られていないから、何をしても後ろ指を指されない。だから、団体旅行客の汽車の中、労働組合の集会のあとの惨状はスゴイの一言。偉い代議士さんもなかなか散らかすのがお得意で。

高峰秀子はこう書いて、「毎日何度かお世話になるトイレの始末から、日本の美化運動をはじめるのもいいではないでしょうか」とまとめている。

誰に見られるわけでもなく、次に使う人が誰かもわからない。かといって、そんなトイレを汚して平気な人は、他人に迷惑をかけても気にしない、そんな人に政治を任せる気にはなりません、というのだ。実にごもっともである。駅前広場やホームの上でポイ捨てをするのは周囲の目があるから気が引ける、でも誰も見ていない列車の中のトイレなら気にしない、なんて人は、確かに信用がおけない。

本文の中でも何度か触れているが、トイレがキレイだとか汚いだとか、そういう話は鉄道会社がいくら努力を払っても、最後は使う人にかかっている。自分の家のトイレで汚物やトイレットペーパーをまき散らしますか？　という話だ。まさか列車で入ったトイレが汚かったからといって、車掌や駅員に文句を言うのも筋違い。それではトイレを汚す人と本質的には何にも違わないだろう。

鉄道のトイレは、ただでさえ特殊な空間であるトイレの中でも、さらに一層特殊だ。走っている巨大な密室の中にある小さな密室という言い方もできるし、排泄したウンコやオシッコは、自分の体からは離れてもタンクにたまり、しばらくは一緒に旅をする。これも、よく考えればなかなか普通ではない。

それでいて、座席と同じような快適性を求められる。タンクには容量に限りがあるし、流す水にも限りがある。

列車トイレの開発を手がけてきた国鉄や鉄道会社、メーカーのみなさんは、さぞかし頭を悩ませてきたはずだ。彼らが、トイレと鉄道の物語の主役と言っていい。たれ流しの汚物が列車内外に及ぼす影響を調査した医療関係者も、黄害を世間に訴えた人たちも同様だ。

物語のエピローグでは、トイレのなかった黎明期の列車に乗ってガマンできずに窓から放尿したり、失禁してしまった名もなき人たちが登場した。駅で用を足していたことをきっかけに非業の死を遂げた肥田浜五郎氏を含め、彼らもいまの快適な列車トイレを作りだした影の立役者である。

彼らがいてもいなくても、早晩列車にトイレは取り付けられたかもしれない。最初の列車にトイレがなかったのは、運行距離が短かったからに過ぎない。けれど、列車にトイレがないことの不便さ、理不尽さを浮き彫りにしたという点で、彼らの功績を見逃してはならないと思う。

2章で取材した、トイレの清掃や汚物の抜き取りをしている人たちも、紛れもなく現下の主役だ。どんなに配慮したところで、たくさんの人が入れ替わり立ち替わりトイレを使えば汚れてしまう。それを清掃し、タンクもスッキリさせて、再び列車は走り出す。彼らの力がなければ、私たちは快適な列車トイレを使えない。

そしていちばんの主役は、これまで綿々と列車の中のトイレを使ってきたすべての人と、使いたくても使えなかったすべての人である。汚い、臭い、使いにくいなど多少の不満があっても、特に汚すこともなく、普通に粛々と淡々と、用を足してきた。身体に不自由があったりして、どうしても列車のトイレが使えなかった人もいただろう。そうしたすべての積み重ねが、いまのトイレにつながっている。汁なし担々麺を食べても安心して電車に乗れるのは、こうした先人たちの積み重ねのおかげなのである。

そして、これからもトイレと鉄道の物語は続いてゆく。想像もつかない列車トイレの革命が、この先また起こるかもしれない。だが、それもこれも、まずはトイレをキレイに使うところから。それが、列車トイレ革命の第一歩、なのである。

主要参考文献

『鉄道笑話集』（１９１８年、東洋書籍出版協会）
『厠（加波夜）考』（１９３２年、李家正文、六文館）
『夷狄の国へ　幕末遣外使節物語』（１９２９年、尾佐竹猛、萬里閣書房）
『日本鉄道創設史話』（１９５２年、石井満、法政大学出版局）
『トイレット部長』（１９６０年、藤島茂、文藝春秋）
『トイレット監督』（１９６１年、藤島茂、文藝春秋）
『苦闘三十年』（１９６２年、堤康次郎、三康文化研究所）
『トイレット博士』（１９６５年、李家正文、秋田書店）
『東海道新幹線工事誌　土木編』（１９６５年、東京幹線工事局）
『日本国有鉄道百年史』（１９７２年、日本国有鉄道）
『旅情１００年　日本の鉄道　改訂新版』（１９７２年、毎日新聞社）
『近代日本造船事始　肥田浜五郎の生涯』（１９７５年、土屋重朗、新人物往来社）
『国鉄ざっくばらん』（１９７７年、高木文雄、東洋経済新報社）
『北海道鉄道百年』（１９８０年、北洞孝雄、北海道新聞社）
『増補　厠まんだら』（１９８８年、李家正文、雪華社）

『図説　厠まんだら』（1984年、李家正文、INAX）
『便所のはなし（物語ものの建築史）』（1986年、谷直樹・遠州敦子、鹿島出版会）
『トイレ文化誌』（2001年、山路茂則、あさひ高速印刷出版部）
『長距離高速電車こだま形　151・161・181系』（2002年、福原俊一、車両史編さん会）
『新橋駅発掘　考古学からみた近代』（2004年、福田敏一、雄山閣）
『乗り物のトイレ（屎尿・下水研究会文化資料　5）』（2012年、日本文化下水研究会、屎尿・下水研究会）
『トイレ　排泄の空間から見る日本の文化と歴史』（2016年、屎尿・下水研究会、ミネルヴァ書房）
『鉄道快適化物語――苦痛から快楽へ』（2018年、小島英俊、創元社）
『ウンコはどこから来て、どこへ行くのか――人糞地理学ことはじめ』（2020年、湯澤規子、筑摩書房）
『うんちの行方』（2021年、神舘和典・西川清史、新潮社）
『快適なトイレ　便利・清潔・安心して滞在できる空間』（2022年、日本トイレ協会、柏書房）
『土と肥やしと微生物　武蔵野の落ち葉堆肥農法に学ぶ』（2023年、犬井正、農山漁村文化協会）
『ビジネス特急こだまプロジェクト秘史』（2023年、福原俊一、河出書房新社）
『鉄道ピクトリアル』（電気車研究会）各号
『鉄道ファン』（交友社）各号
『鉄道ジャーナル』（鉄道ジャーナル社）各号
『JREA』（日本鉄道技術協会）各号
『JR gazette』（交通新聞社）各号

『R&m』（日本鉄道車両機械技術協会）各号
『鉄道車両と技術』（レールアンドテック出版）各号
『国鉄通信』（日本国有鉄道広報部）各号
『国有鉄道』（交通協力会）各号
『電気車の科学』（電気車研究会）各号
『鉄道工場』（レールウエー・システム・リサーチ）各号
『車両と電気』（車両電気協会）各号
『交通技術』（交通協力会）各号
『汎交通』（日本交通協会）各号
『車輌工学』（鉄道日本社）各号
『運輸と経済』（交通経済研究所）各号
『文藝春秋』（文藝春秋）各号
『週刊文春』（文藝春秋）各号
『週刊読売』（読売新聞社）各号
『週刊サンケイ』（サンケイ出版）各号
『旅』（日本交通公社）各号
『週刊女性』（主婦と生活社）各号
『週刊新潮』（新潮社）各号

『週刊大衆』（双葉社）各号
『アサヒ芸能』（徳間書店）各号
『女性自身』（光文社）各号
『週刊実話』（日本ジャーナル出版）各号
『科学朝日』（朝日新聞社）各号
『朝日ジャーナル』（朝日新聞社）各号
『講演時報』（連合通信社）各号
『ＤＩＭＥ』（小学館）各号
『ＷｉＬＬ』（ワック）各号
『ノーサイド』（文藝春秋）各号
『Ｖｉｅｗｓ』（講談社）各号
『人と日本』（行政通信社）各号
『激流』（国際商業出版）各号
『公衆衛生』（医学書院）各号
『交通医学』（日本交通医学会）各号
『用水と廃水』（産業用水調査会）各号
『におい・かおり環境学会誌』（におい・かおり環境協会）各号
『日本国有鉄道監査報告書』（日本国有鉄道監査委員会）各号

鼠入昌史（そいり　まさし）
1981年、東京都生まれ。文春オンラインや東洋経済オンラインをはじめ、週刊誌・月刊誌・ニュースサイトなどにさまざまなジャンルの記事を書きつつ、鉄道関係の取材・執筆も行なっている。阪神タイガースファンだが好きな私鉄は西武鉄道。著書に『相鉄はなぜかっこよくなったのか』（交通新聞社）、『鉄道の歴史を変えた街45』（イカロス出版）など。

交通新聞社新書183
トイレと鉄道
ウンコと戦ったもうひとつの150年史
（定価はカバーに表示してあります）

2024年12月16日　第1刷発行

著　者——鼠入昌史
発行人——伊藤嘉道
発行所——株式会社交通新聞社
https://www.kotsu.co.jp/
〒101-0062　東京都千代田区神田駿河台2-3-11
電話　(03) 6831-6560（編集）
(03) 6831-6622（販売）

カバーデザイン—アルビレオ
印刷・製本—大日本印刷株式会社

ISBN978-4-330-06224-2